中・小型水族箱造景趣

新手也能打造的療癒夢幻水世界

千田義洋・監修
何姵儀・譯

水草與魚兒交織成

一片繽紛的迷你大自然

HOW TO MAKE → p088

以水族箱為框
畫出心目中的一幅畫

就算是小型水族箱
也能成為
魅力十足的水世界

HOW TO MAKE ——＼ p036

HOW TO MAKE → p030

HOW TO MAKE → p040

只要妥善照顧，
水草就會鮮嫩翠綠，
生物也會嬌豔美麗

HOW TO MAKE → p070

HOW TO MAKE → p052

HOW TO MAKE → p102

HOW TO MAKE —— p098

PART 1

水族造景的基本知識

STEP 1　設缸的基本備材……016

STEP 2　用來造景的器具……020

STEP 3　水族造景的基本知識……022

STEP 4　水族造景的方法……024

STEP 5　善用水族用品專賣店……028

PART 2

小型水族箱的造景方式

LAYOUT 1　一起設置金魚缸吧……030

LAYOUT 2　輕鬆簡單的水族玻璃缸……036

LAYOUT 3　有趣的小型水族箱……040

LAYOUT 4　一起設置鱂魚缸吧……046

LAYOUT 5　一起設置孔雀魚缸吧……052

LAYOUT 6　一起設置蝦缸吧……058

Contents

PART 3
中大型水族箱的造景方式

LAYOUT 7 一起設置琵琶魚缸吧 ……070

LAYOUT 8 一起設置60cm的水草缸吧 ……078

LAYOUT 9 一起設置90cm的水草缸吧 ……088

PART 4
樂趣更勝一籌的水族造景

LAYOUT 10 從栽培水草開始吧 ……098

LAYOUT 11 一起設置水陸缸吧 ……102

PART 5
水族水草與生物圖鑑

水草圖鑑 ……108

生物圖鑑 ……118

Contents

PART 6
水族造景的訣竅與重點

POINT 1　天天觀察，餵食飼料 …… 128

POINT 2　修剪水草 …… 130

POINT 3　淨缸與換水 …… 132

POINT 4　水族箱的清道夫 …… 137

POINT 5　方便實用的工具 …… 138

POINT 6　關於水族的Q&A …… 140

合作商店與廠商簡介 …… 142

PART 1

水族造景的
基本知識

AQUARIUM

STEP 1

水族箱、過濾器與控溫器等

設缸的基本備材

先備齊
最低限度的備材

在設置適合觀賞的熱帶魚缸及水草缸時，第一件要做的事，應該就是挑選水族箱的尺寸。決定好尺寸之後，再來就是添購可以幫助我們飼養熱帶魚及水草的備材，例如：管理水質的過濾器、控溫器及照明設備等等，通通都要事先準備。

挑選水族箱的大小

水族箱的尺寸必須配合飼養內容與設置場所

我們要先決定自己想養什麼樣的魚，或者只想以水草為主，這樣就能知道自己需要多大尺寸的水族箱。接著再從擺置地點來確定尺寸。在熟悉一切之前，換水與保養都會相當耗時耗力，故在此建議大家將水族箱設置在離水場較近，或者是方便作業的地方會比較妥當。具體的安排，就根據飼養內容以及設置的場所來決定吧！

30cm

尺寸不到40cm的小型水族箱，可以設置在廚房檯面或洗手間等空間較為狹窄的地方。其最大的魅力，莫過於隨時都能觀賞。

45cm

這個尺寸的水族箱適合放在自己的房間、臥室或者是工作區。麻雀雖小但五臟俱全，能夠欣賞到豐富充實的水族景致。

60cm

最為平均普遍的尺寸，通常會搭配過濾器或加溫棒成套販售。這樣的尺寸正好可以完成一個造景優美、賞心悅目的水族箱。

90cm

尺寸超過60cm的大型水族箱就需要專用的底櫃。儘管能放的地方非常有限，卻可以展現出魄力十足、震撼人心的世界觀。

變形缸

這類水族箱有的是立方形，有的是稍有高度的長方形甚至是圓形。在這當中，略高的長方形水族箱可以設置在狹小空間裡，節省空間。

水草與魚兒所需的設備

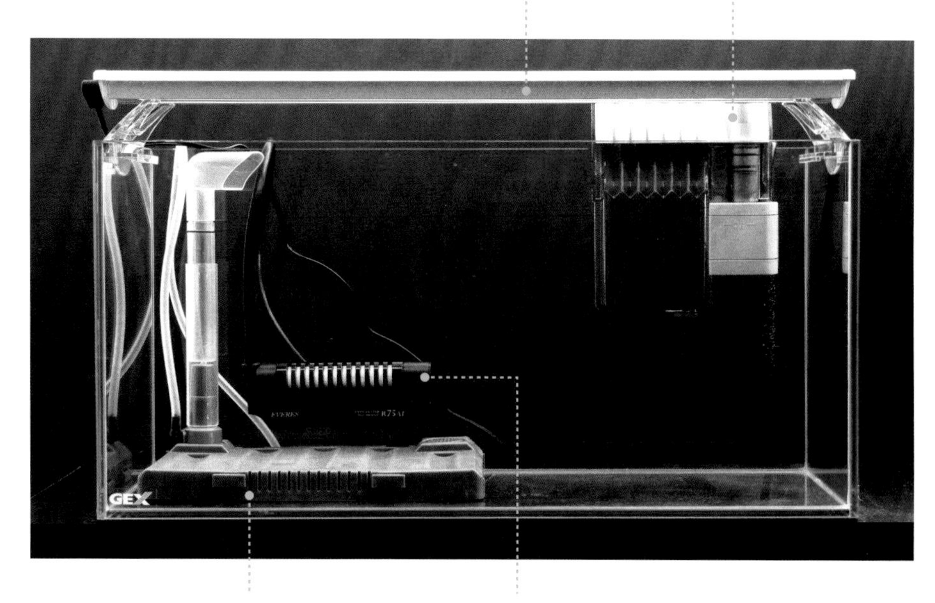

挑選更好的器具與設備
妥善管理水族箱

不管是飼養熱帶魚抑或是培育水草，管理水質都是一個舉足輕重、不容疏忽的工作。當我們在挑選水族箱或相關設備時為何要慎重其事，原因就在於此。所以大家一定要挑選一個好用實際、大小恰當、品質稍佳的設備，這樣當我們在花時間用心保養時，才能如願營造以及維持一個美麗的水族環境。

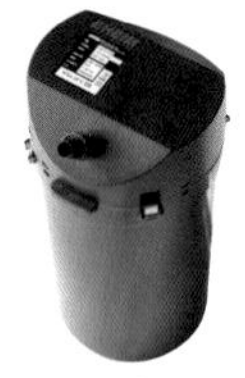

過濾器

過濾器可讓水族箱裡的水在循環流動的過程當中去除髒汙，進而維持潔淨。當中以運轉聲較為安靜的外部式過濾器最受歡迎。

加溫棒（控溫器）

對大多數的熱帶魚來說，24至26℃的水溫才是最佳溫度。故加溫棒在氣候溫差較大的日本，是維持適當水溫不可或缺的設備。

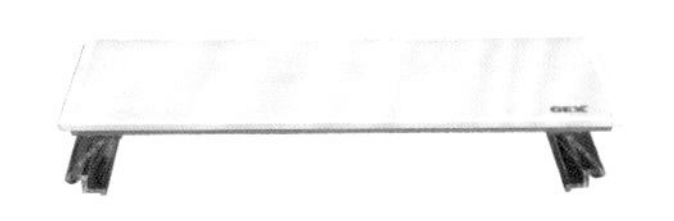

照明設備

照明燈是讓熱帶魚及水草看起來更加亮麗動人，同時促進水草進行光合作用的必要設備。市面上還有專門用來培育水草的照明燈。

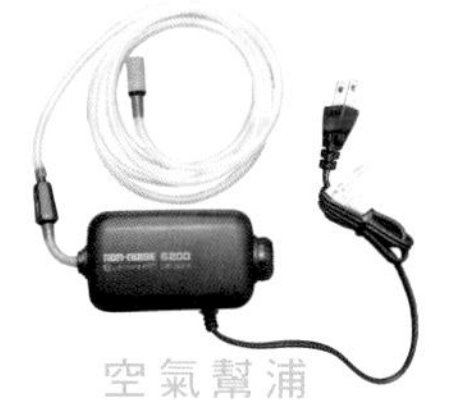

空氣幫浦

強制將空氣打入水中的設備器材。只要將底部過濾器的動力來源，也就是空氣輸進水族箱裡，就能讓氧氣融入水中。

CO_2套組（二氧化碳套組）

光線、CO_2及營養均衡與否，是水草生長的關鍵條件。因此我們也可以選擇網羅基本配件、能立刻培育水草的CO_2套組。

過濾器與濾材的挑選方法

過濾雜質、清淨水質的基本設備

水族箱裡若是有水草或熱帶魚，裡頭的水往往會因糞便或雜質而變得汙濁，所以要安裝一個裡頭裝了濾材的過濾器，好讓水質能保持潔淨。過濾器的種類有外部式、上部式及缸底式，基本上功能都大同小異，也就是利用硝化菌對有害物質進行解毒的「生物過濾」、過濾雜質的「物理過濾」，以及去除浮渣及髒汙的「化學過濾」。

主要的濾材種類

陶瓷環

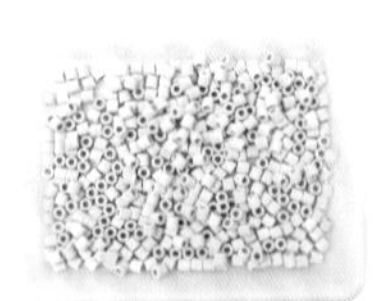

中間有孔洞，不易造成堵塞的環形濾材。以增加生物濾材介質容量為特徵。

過濾棉（綜合棉）

若當生物濾材使用，通常也能發揮物理過濾效果。只是這種濾材密度低，在培養硝化菌的效果，會比生化培菌濾材差。

活性碳

主要用來吸附有機物質，有效遏止阿摩尼亞的發生，也能濾清有機物質造成的混濁，還能吸附漂流木釋出的鹼性物質。

主要的過濾器種類

外部式過濾器

不需將機器本體安裝在水族箱內側的過濾器，造景時較不礙事。

上部式過濾器

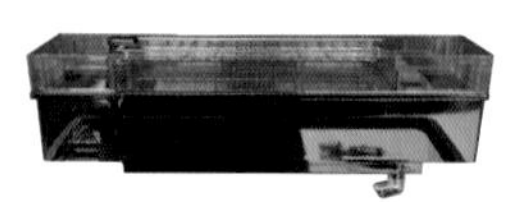

過濾效果頗佳的過濾器，是飼養生物的最佳選擇。確認濾芯更換時機時相當方便。

底部過濾器

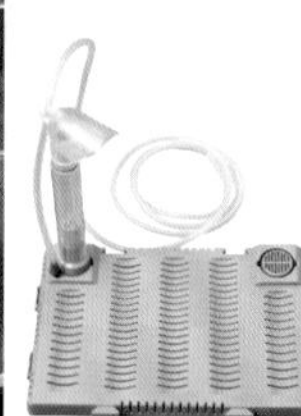

安裝在水族箱底的過濾器。覆蓋一層砂粒之後便可讓水循環過濾。性能高，不過需要勤於保養。

CO_2與肥料的挑選方法

水草進行光合作用時不可或缺的二氧化碳

水草為了生長而進行光合作用時，需要光、二氧化碳以及營養。光，可利用照明設備來供給，二氧化碳則是需要透過CO_2鋼瓶或添加劑來提供。至於能成為養分的肥料，則可分為滴入水族箱內的液態以及填埋在底砂內的固態這兩種類型，可依據水草的種類加以區分使用。

CO_2鋼瓶

可利用風管讓二氧化碳變成細小氣泡，釋放出來。

水草液肥

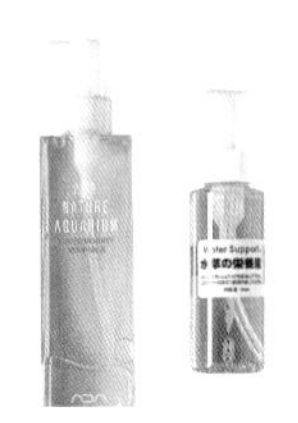

直接滴在水族箱的水面上，這樣就能夠為水草補給營養。

水草根肥

需要埋入砂粒或黑土中的肥料。適合會扎根生長的水草。

光合作用及造景演出上不可或缺的照明

能營造優美光景、培育水草

安裝在水族箱上的照明設備，不僅可讓魚缸內部看起來更加明光爍亮，對於水草缸而言，更是為了生長而進行光合作用時不可或缺的設備。一天開燈的時間要固定，通常以七至八個小時為標準，因為關燈的時間對於水草來說，也是生長的重要條件之一。

打開照明

關閉照明

照明的演出效果

白光燈

白光給人柔和明亮的感覺，能讓生物及水草看起來更有活力，展演出更為自然的世界觀。

藍光燈

深藍色的光線能讓水族箱展演出宛如深海的神祕景象，也能讓漂流木與熱帶魚置身在寧靜祥和的氛氛之中。

大型水族箱需要搭配底櫃

想挑戰超過60cm水族箱時可別忘記準備底櫃

60cm寬的水族箱裝滿水時，整體重量約70kg，90cm的水族箱則可重達將近200kg，因此底下勢必要設置一個堅固又耐重的櫃子。水族箱專用底櫃的材質有木頭、鋼鐵及不鏽鋼，板子通常會比一般家具還要來的厚實，螺絲也會比較粗，相當牢固。大多數的底櫃高度都會設在70～90cm之間。這個高度不僅容易欣賞水族造景，保養上也比較容易作業。不過設缸之前，可別忘記測量水平。

水族箱底櫃

木櫃。櫃內可用來收納外部式過濾器。

STEP 2

做好準備，打造一個美麗的水中世界！

用來造景的器具

在水族箱裡創造一個專屬於自己的世界

水族相關設備齊全之後，接下來要準備的是造景所需的器具。在動手造景之前，我們要先從衡量水族箱的大小與形狀，以及想要打造的水中景象開始著手。記得，水草與生物是有生命的，因此我們必須布置一個適合它們的生長環境才行，這一點非常重要。

1 造景時要準備的東西

類型琳瑯滿目 造景創意無限

底砂、漂流木與石頭是造景的三種基本材料，光是組合搭配，就能創造出無數個模式。因此我們第一步要先決定自己想在水族箱裡放什麼樣的水草與生物，之後再來決定各種素材的種類與數量。

底砂

黑土及砂粒之類的底砂要根據水草與生物的種類來區分使用。而底砂的顏色不同，水族箱的整體印象也會跟著改變。

漂流木

漂流木是相當熱門的造景素材。有時還可以藉由黏著塑造出讓人心滿意足的造型。

石頭

石頭種類豐富多樣，不管是顏色還是形狀都富饒趣味。無論挑選哪一塊，都能讓氣氛煥然一新。

水草

水草堪稱水族造景的主角。不管是後景草、中景草還是前景草，擺置時要記住一個基本原則，那就是要一邊調整水草高度，一邊造景。

生物

能讓水族景觀繽紛亮麗的生物不僅賞心悅目，飼養時更是樂趣十足，讓人難以自拔。

底砂的種類與挑選

重視水草生長 需以營養黑土為首選

為了生長，水草會透過兩種方法來吸收養分，一種是從根部直接吸收養分，另外一種就是透過葉片吸收融於水中的養分。若以從根部吸收養分為前提的話，那麼我們就要選擇黑土。黑土雖然營養，有時卻會稍嫌不足。遇到這種情況，大家不妨添補一些養分較為豐富的產品，例如基肥砂。但是水族箱裡的養分不可太多，否則青苔會非常容易滋生。在這種情況之下恐會難以維持清澈水質。另外，有的黑土還具有吸附作用，讓水質不易混濁，常保清澈。

至於不太需要養分的水草，或者是鮮少使用水草的造景，不妨將砂粒納入選項之中。

底砂的種類

黑土

黑土是用高溫燒製而成的顆粒狀土壤，營養豐富，適合用來培育水草。

砂粒

砂粒是小石子與沙子的集合體，儘管不含養分，不過只要清洗，就能夠半永久地使用。

造景擺飾的漂流木與石頭

留意水質變化

漂流木與石頭在造景上雖然扮演著相當重要的角色，不過漂流木會釋出鹼性物質，石頭的話則會因種類而改變水的硬度。鹼性物質可用活性碳來吸附，至於水質的硬度變化，則可利用pH調整劑來處理。

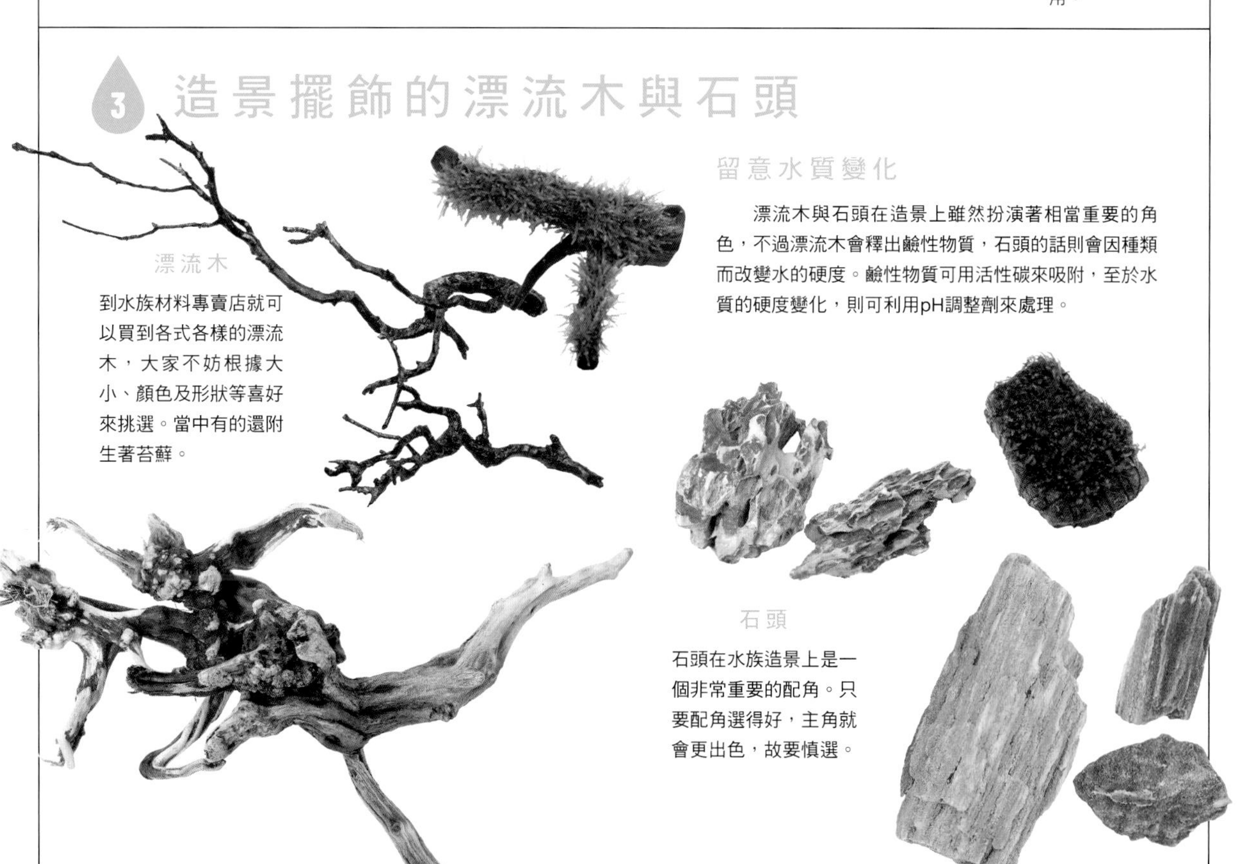

漂流木

到水族材料專賣店就可以買到各式各樣的漂流木，大家不妨根據大小、顏色及形狀等喜好來挑選。當中有的還附生著苔蘚。

石頭

石頭在水族造景上是一個非常重要的配角。只要配角選得好，主角就會更出色，故要慎選。

STEP 3

讓水族造景美不勝收的重點

水族造景的基本知識

布置一個賞心悅目的水族造景需要一些小技巧

雖說決定好造景要使用的素材、水草與生物之後就可以開始動手布置水族箱，但並不是把這些材料妥善擺好就可以了。於造景的過程當中，其實有幾個需要留意的地方。只要能掌握這些重點，就算是新手，照樣可以打造出優美的水族景致，所以大家一定要牢記在心喔。

1 造景時所使用的工具

繁瑣造景工作的基本工具

造景時有些工作其實相當注重細節，例如修剪水草、將其種在黑土裡等等。這時候善用工具就顯得相當重要。此外，鑷子與剪刀也建議大家選擇水族造景專用的款式，不要用一般的鑷子與剪刀，這樣在水族箱裡進行造景的時候才會得心應手。

鑷子

最好多準備幾支長度不同的鑷子，因為這是栽植水草時不可或缺的工具。

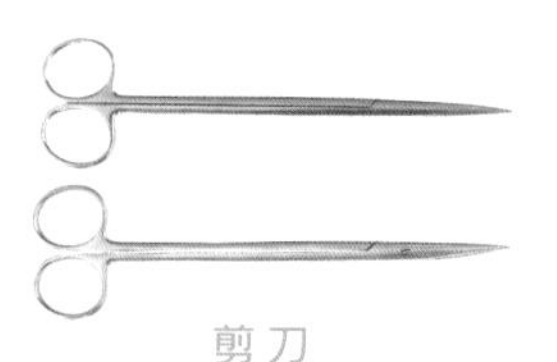

剪刀

調整水草長度或是修剪水草時所使用的工具。記得挑選銳利一點的剪刀，免得修剪時不慎失手。

刮刀

刮刀不僅是整平底砂的實用工具，還能用來刮除附著在水族箱玻璃面上的苔蘚。

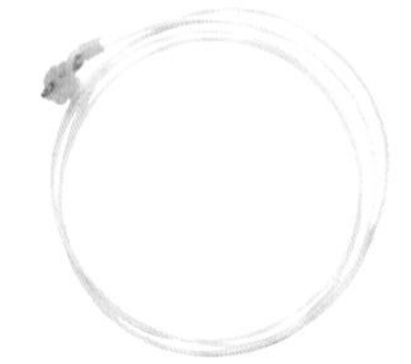

排水管清潔刷

用來清洗水管內部汙垢的清潔刷。定期淨缸及保養水族箱時亦可派上用場。

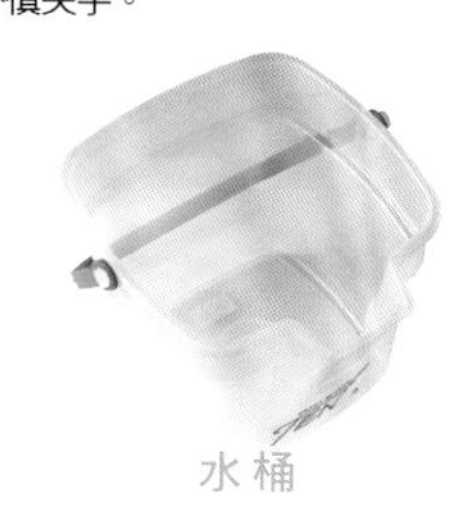

水桶

水桶可以盛水倒入水族箱中、為生物對水及換水，用途相當廣泛。

後高前低是造景基本原則

充滿立體感的造景方式 是展現美感的最大關鍵

水族造景扣人心弦的關鍵，在於層次感及立體感；而讓造景展現層次感的關鍵，在於水草的栽植區域、漂流木與石頭的擺設配置。因此當我們在造景時，或多或少都需要一些品味與經驗才行。

但就立體感而言，就算是水族新手，其實也能夠輕而易舉地展現出來。立體感表達的是一種深度。水族造景和畫作一樣，通常都會從正面觀賞。不過與畫作不同的是，水族箱是有深度的，因此這個部分的空間，我們勢必要好好利用才行。方法非常簡單。當我們在造景的時候只要讓水族箱後方高一點，前方低一點就可以了。如此一來，後方的造景就能從正面看得一清二楚，不會被前方的布景遮蔽。所以當我們在鋪底砂時，只要做出一個坡度，也就是後高前低，同時後方的水草也種得高一點，這樣就可以了。

利用底砂與水草展現立體感

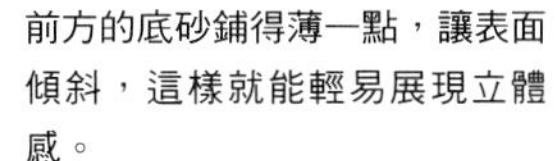

前方的底砂鋪得薄一點，讓表面傾斜，這樣就能輕易展現立體感。

水草的高度依序從後景、中景、前景慢慢降低的話，就能布置出富有深度的水族景觀。

3 漂流木與石頭配置時，以體積碩大者為主景

漂流木與石頭在配置時 空間要有層次感

漂流木與石頭是造景的基礎，也是讓整個水族景觀充滿層次感、畫龍點睛的重要素材。若說整體造景協調均衡的關鍵就在於兩者的配置方式，其實一點也不為過。話雖如此，可這並不代表只要把素材排列整齊就好。陳列若是太過規則，整個造景就會顯得做作不自然。當然，有些造景確實能成功地創造出人工的美感，不過若想呈現出自然感的話，那麼配置漂流木與石頭的時候就要隨興一點，不可太過刻意。

然而對水族新手而言，隨興配置並不容易。若問訣竅為何，那就是先決定一個焦點位置，將漂流木與石頭集中放在這個地方上。如此一來，平淡無奇的空間就能展現出層次感。若能搭配大小高低不一的素材，就可以輕易展現出充滿層次感的景致。剛開始造景時，我們要先決定體積最大的漂流木或石頭所擺放的位置，接著再根據整體的均衡狀況，擺放小一點的漂流木或石頭。

整體配置要協調

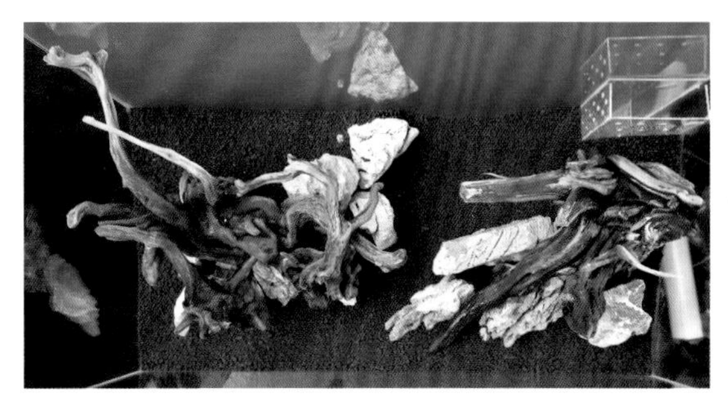

當我們在配置漂流木與石頭時，需牢記一個重點，那就是先空下栽植水草的區域，例如預留後方要栽植後景草的位置。而另外一個訣竅，就是利用漂流木與石頭埋入底砂的深度來微調高度。

STEP 4

從水族箱設缸到放養生物
水族造景的方法

造景的基本流程

1. 水族箱設缸
2. 倒入底砂
3. 配置漂流木與石頭
4. 引水入缸
5. 栽植水草
6. 等待水質穩定下來
7. 放養生物

跟著基本流程 動手造景吧

接下來我們要透過實際的造景方式，來為大家介紹從水族箱設缸一路進行到放養生物的方法。基本上不管是什麼樣的造景，都會跟著左側的步驟循序進行。水族造景並沒有機會重新再來，故每一個步驟都要小心進行，這點非常重要。為此，我們會建議大家剛開始先用小型水族箱練習，以便牢記造景的每一個步驟。

1 設缸

要設置在穩定的場所

決定好設缸的房間或地點之後，接下來就要測量底櫃的水平狀態，因為盛裝水量多達好幾十公斤的水族箱，安置時若是稍有傾斜，水壓便會集中在某一處。情況若是不妙，水族箱極有可能會因此破裂。

水族箱設置處的底板最好以木製為主，盡量不要選擇會因物體過重而凹陷的地毯。因此我們首先要做的，就是將水族箱設置在一個穩定之處。

用水平儀測量水平

用水平儀測量放置水族箱的底櫃是否維持水平狀態。

若是傾斜，可在底下加塊墊板，以調整水平。

2 倒入底砂

倒入底砂並整平

水族箱設置好之後，就可以準備造景。先在水族箱裡鋪上一層底砂。每種尺寸的水族箱所使用的底砂量雖然不同，不過考量到待會兒還要栽植水草，因此最低的地方至少要鋪上2cm高的底砂。

倒好底砂之後用刮刀整平。若要加上過濾器或加溫棒之類的設備，則需在此時一併設置。

造景地基

使用砂粒之類的素材當底砂時，在倒入水族箱之前要像淘米般洗過一次。

造景若要呈現立體感，在將底砂整平時，可順便讓表面略有坡度。

3 配置漂流木與石頭

造景好壞的關鍵在開頭

底砂倒好之後，接下來要擺置漂流木與石頭。在水族箱內側安裝過濾器與加溫棒時，我們可以將其藏在漂流木或石頭後面，亦可用之後要栽植的水草遮掩。故當我們在配置時，記得這些通通都要納入考量之中。

漂流木與石頭配置好之後，水草的位置就會跟著確定，因此造景的基本構圖一定要三思過後再進行。

這樣造景的基本構圖就算完成

先在水族箱裡擺置最不想讓人看到的設備，這樣比較好造景。

決定好漂流木這個主角的配置之後，再來就是決定石頭這個配角的位置。

4 引水入缸

要用已經除氯的水

造景基底完成之後便可將水注入水族箱中。這時候先在上方鋪層海綿布或廚房紙巾當作緩衝材，以免底砂因為水勢過大而四處飛濺，破壞擺好的造景。當然我們也可以直接用水桶慢慢把水倒進去，但若能夠利用虹吸原理，讓水管把水吸進去的話，這樣反而比較不易破壞造景。另外，在倒水之前，自來水要先用水質穩定劑除氯。

儘量不要破壞造景

建議大家利用虹吸原理，讓水管慢慢把水吸進去，這樣比較不會破壞造景。

水族箱的水不要太滿，倒至手伸進去栽植水草也不會溢出的高度即可。

5 栽植水草

水草種類不同 栽植方式也會跟著改變

終於要進入栽植水草這個步驟了。不過從專賣店買來的水草上面可能會附著會危害生物的農藥或者是食用水草的貝類，非但不能直接栽植，還要用已經除氯的常溫水清洗才行。另外，從專賣店買來的水草上通常還會捲上一層鉛或羊毛絨，可別忘記小心拆除。

水草大致可以分為無莖草及有莖草這兩種。而無莖類的水草還可再細分為和牛毛氈一樣一邊延伸匍匐莖，一邊沿著地表蔓延開來，以及和皇冠草一樣從莖節的正中央長出新芽這兩種類型。不管是哪一種，都可以將根部整個埋在底砂裡。

以節節菜為代表的有莖草會在莖梗中段分枝。想要栽植的部位若是長出多餘的葉片，裁剪之後再栽植的話，水草就會順其自然，生根成長。故當我們在栽植有莖草時，重點在於要將其埋得比無莖草還要深，因為比較短的無莖草通常會當作前景草，而比較高的有莖草往往會當作後景草來栽植。

用鑷子輕輕夾取

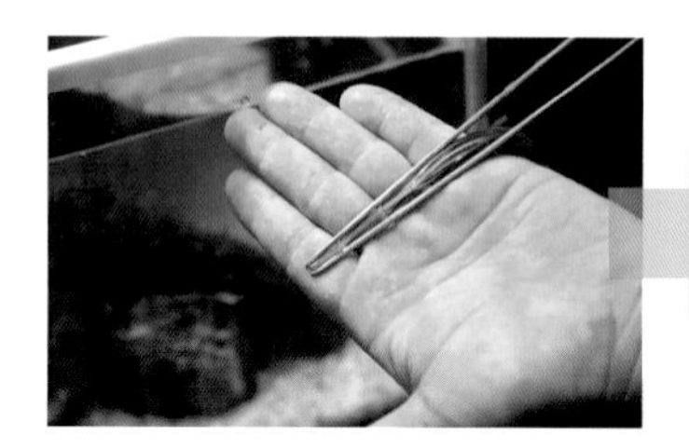

有莖草在栽植時要用鑷子整個夾至根部，以免傷到莖梗。

鑷子整個夾住水草，插入想要栽植的地方之後鬆開，留下水草後即可抽出。

後方栽植高的水草，前方栽植矮的水草

栽植水草時原則與鋪設底砂一樣，高的有莖草栽植在後方，矮的無莖草則栽植在前方，以便展現出高低差。即使都屬於有莖草，我們也可以利用剪刀來調整長度，越往前方，水草的高度就越低。

6 等待水質穩定下來

等待之餘欣賞變化

水草種好之後，基本上造景就算完成，但此時還不能立刻放養生物，因為這裡頭的硝化菌數量還不足以讓水質穩定。在啟動過濾器，正式開缸之前，水族箱必須靜置一段時間，才能讓水質穩定下來，例如30cm的水族箱需要二至三天的時間，45cm的水草需要一個禮拜，60cm大的水族箱要兩個禮拜，而90cm大的水族箱更是需要三個禮拜才行。因此就讓我們一邊觀察水草的樣子，一邊耐著性子，慢慢等待吧。

大型水族箱需要時間調整水質

水草剛栽植好的時候，水通常會非常容易渾濁。這種情況代表水中的硝化菌數量不夠，水質尚未穩定。

靜置兩週後的45cm水族箱狀態。水草開始生長，水質也變得清澈。

7 放養生物

花點心思，儘量降低環境變化所造成的壓力

等到水族箱內的水質穩定下來之後，就可以進入放養生物的階段。不過這個時候有一個基本原則，那就是不可以一次放養好幾種生物，要分批將其倒入水中才可以。當然，能夠飼養的生物數量往往會受限於水族箱的大小，因此我們不妨以每一公升的水飼養一條小型魚為參考標準。而生物的體型越大，飼養的數量就要跟著減少。

另外，生物死亡通常是因環境變化所產生的壓力所造成的。故在將生物放入水族箱之前，有件事一定要先處理好，那就是對水與對溫。對水這個步驟，是為了讓準備放養在水族箱內的生物慢慢適應環境，因此我們要用水管，將水族箱裡的水注入生物原本生活的水中。飼養的如果是比較嬌柔的生物，對水時就要緊緊捏住水管口，像點滴般慢慢地對水，之後再將生物與水裝袋，使其漂浮在水族箱上進行對溫。在將生物放入水族箱之前，一定要先經過這兩個步驟才行。

對水與對溫

先將買來的生物連水倒在水桶中，再慢慢加入水族箱裡的水。這就是對水。

對好水之後，接著將生物連水一起裝袋，使其漂浮在水族箱中以調整水溫。

不要一次放養太多生物

預定飼養的生物數量要分批，不要一口氣全部倒進水族箱中。要儘量減少環境變化所造成的壓力，這樣才能避免生物死亡。

STEP
5

令人放心的好夥伴
善用水族用品專賣店

多看幾家專賣店
辨識狀態良好的生物

親眼觀察水草與生物的樣子是一件非常重要的事。我們可以先到商品種類較為豐富的水族用品專賣店逛逛。繞了一圈之後，就會漸漸明白什麼樣的狀況叫做好。若是找到店家氣氛以及店員態度都還不錯的專賣店，不妨直接在那裡挑魚。我們當然也可以選擇離家較近的店家，以免魚兒因為移動而感到壓力，或者挑選一家交通距離較為方便的店家，以便飼養後能隨時添購物品或諮詢。

1 專業知識豐富

態度親切的工作人員讓人安心

擁有不少專業知識豐富的工作人員是專賣店的優勢。而且在飼養上若有問題，遇到熱心為我們解惑的工作人員機率也會比較高。

水族用品齊全

選擇豐富的商品種類令人安心

正因為是專賣店，商品種類及數量才會如此豐富多樣。有的店家還會專打某幾種特定商品為強項，大家不妨多逛多看。

PART 2

小型水族箱
的造景方式

AQUARIUM

在水族箱裡
營造出
日本風情

一起設置金魚缸吧

製作一個讓華麗的金魚更加嬌豔的造景

金魚堪稱日本人最熟悉的觀賞魚。有和金系、琉金系及蘭壽系等等，不僅種類繁多，價格也應有盡有，是種一旦愛上就會無法自拔的魚類。其最迷人的地方，莫過於可愛的渾圓身體、繽紛亮麗的體色，以及姿態優雅的尾鰭。對水族新手而言，飼養這樣的金魚應該是最理想的選擇；而對於那些今後想要徹底享受水族樂趣的人來說，應該也是最佳的飼養教材。

金魚屬雜食性，不僅食慾旺盛，也是吃多排多、容易把水弄髒的魚。故像換水或者是在水族箱內增加硝化菌等，凡具與水族有關的基本知識，都可以在飼養金魚的過程當中學到。

造景方面，重點在於如何襯托出金魚這個主角。為了讓金魚鮮豔的色彩成為焦點，底砂與石頭不妨選擇較為樸素的顏色。此外，營造出日式風情也不失為一個好主意。

水族造景全景

30cm
的水族箱

■水族箱：長 31.5× 寬16.0× 高24.0cm ■水草：人造花、菊花草、圓心萍 ■水溫：20℃ ■pH：7.5
■生物：琉金、丹頂 ■底砂：金魚的紅白珠砂粒（日本SUDO）

使用的設備

LED燈

過濾器
（內部已安裝打氣透明風管的樣子）

水族箱（GEX SILENT FIT 300）

CLEAR LED
PG 300（GEX）

空氣幫浦
S-200（日動NICHIDO）

空氣幫浦可以安裝在過濾器內部，讓水族箱看起來更加清爽不雜沓。水族箱內的飼育水含氧量主要靠打氣增加，如此一來硝化菌的數量也會變多。

Step1 製作水族箱地基

1

使用的濾材，是Power House的陶瓷環「CUSTOM IN 50（Soft Type）」，可以幫助增加硝化菌。

準備濾材

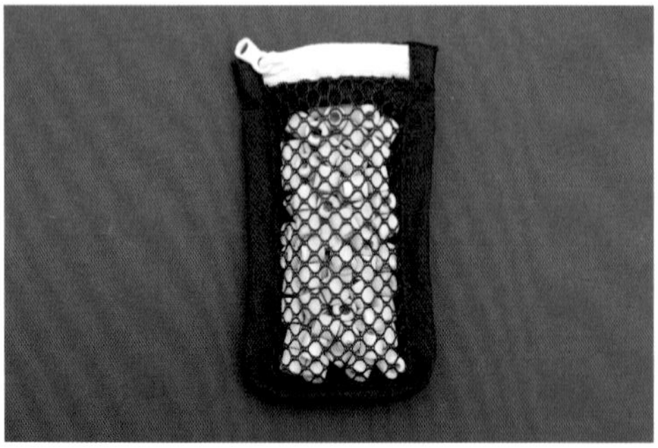

2

將1的濾材裝進過濾器的卡匣中。（附有止逆閥的）空氣幫浦也要安裝在過濾器裡。

安裝在過濾器裡

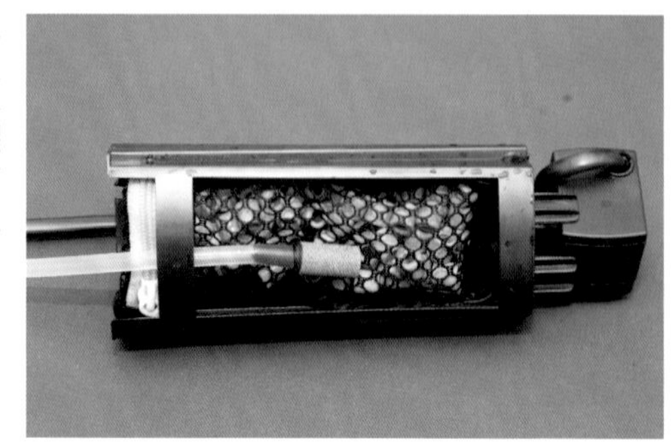

3

過濾器的蓋子剪個洞，好讓空氣幫浦的透明風管能夠穿過。

改良過濾器

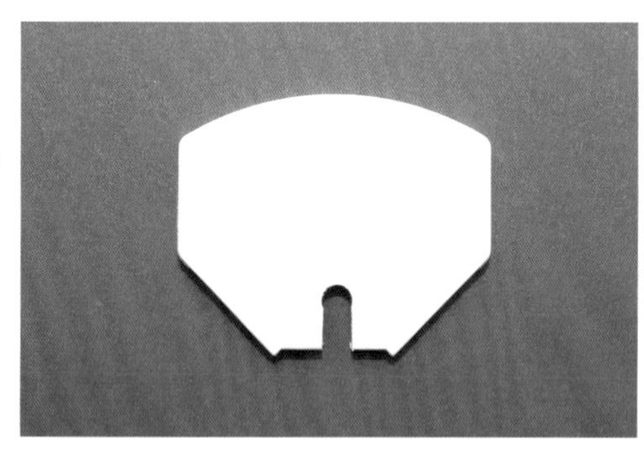

4

蓋上蓋子之後，過濾器便算完成。

完成過濾器

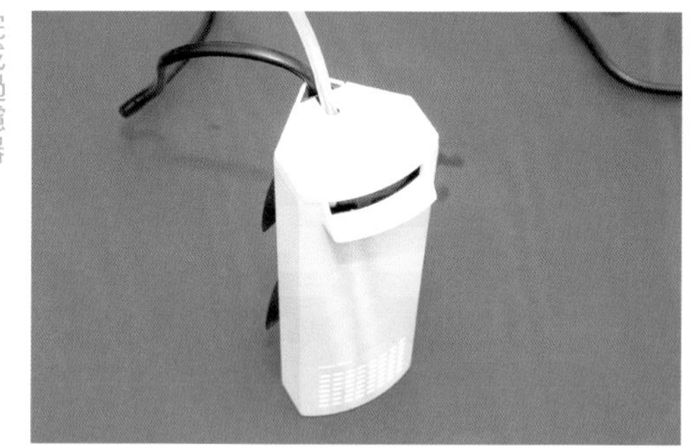

5

砂粒（約800g左右）在倒進水族箱之前，要像洗米般沖洗3～4次之後再使用。鋪好之後整平砂粒。

倒入砂粒

6

人造花均勻配置。位置確定之後，就分別埋在砂粒中固定。

放置人造花

7

千景石配置在妥當的地方。位置確定之後，便埋在砂粒中固定。

配置千景石

Point

考量魚兒游泳的空間

在決定水族箱的內部造景時，我們也要一邊想像魚兒實際在裡頭游泳的樣子，一邊預留空間。

8

造景基底完成的樣子。此處刻意挑選顏色偏深的石頭，以便襯托出色調明亮的砂粒與體色鮮豔的金魚所形成的對比。若是買不到千景石，亦可改用萬天石。

配置石頭與人造花

Step2 栽植水草， 放養魚兒

金魚食慾非常旺盛，動不動就會吃掉我們辛苦栽植的水草，破壞造景，所以配置的景物要以人造花為主。但是只用人造花的話，整個造景卻又會顯得索然無味，因此我們追加了菊花草與圓心萍。菊花草是搭配金魚的基本款水草，也可當作應急用的飼料，相當實用。至於圓心萍則是屬於浮水性浮草的一種，是從上方欣賞金魚時的最佳選擇。

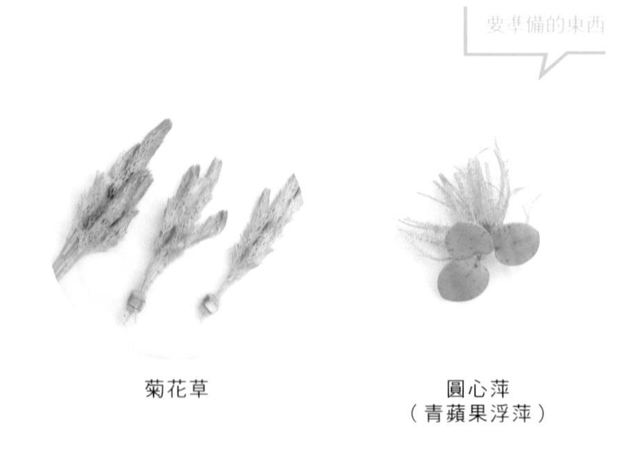

菊花草

圓心萍
（青蘋果浮萍）

1

水族箱引好水之後，先在兩側栽植菊花草。圓心萍差不多放三朵，只要浮在水面上，造景就算完成。

2 放養金魚

造景完成之後要先靜置二至三天，待水質穩定，
對水與對溫之後，再將金魚放入水族箱中。

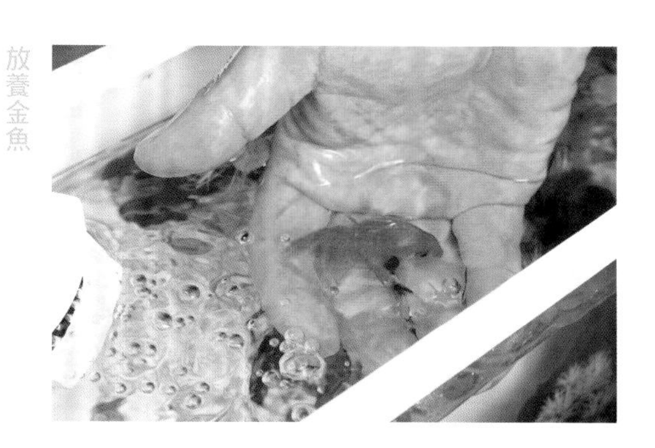

Point
常保金魚水族箱水質清澈的硝化菌

金魚食慾旺盛，排泄物多，非常容易把水弄髒，因此花些心思增加硝化菌以保持乾淨水質，便成了金魚飼養的重點。

3 完成金魚缸

氣氛單調的造景反而可以襯托出金魚的嬌豔。不過這是一個30cm大的小型水族箱，因此金魚飼養的數量不能太多。此外，魚兒長大之後，也要適時檢討是否該更換尺寸大一點的水族箱。

LAYOUT 2

水族造景全景

鉢型
魚缸

■水族箱：直徑 22.5× 高 18.5cm ■水草：窄葉鐵皇冠、泰國中柳、異葉水蓑衣、超紅水丁香、白頭天胡荽、槐葉萍、毬藻 ■水溫：26℃ ■pH：6.0 ■生物：展示型鬥魚（暹羅鬥魚、冠尾鬥魚等等） ■底砂：白金黑土，粗粒，黑色（JUN）

Betta fish

輕鬆簡單的水族玻璃缸

打造一個
簡約精緻的
水中世界

時尚的造型與設置的輕便，適合推薦給水族新手

可以使用喜歡的空瓶來欣賞魚兒的水族玻璃缸，造型有別於一般的四角型水族箱，非常適合當作居家擺飾，設置起來也相當方便，深受大家喜愛。而這一節我們要以布置水族玻璃缸為例，告訴大家如何在飼養鬥魚的圓球魚缸裡造景。這次的造景不需裝上照明燈之類的設備，因此完成後最好將魚缸放在窗邊。另外，冬天時也建議大家在魚缸底下鋪張加溫墊，以便管理水溫。

使用的玻璃缸

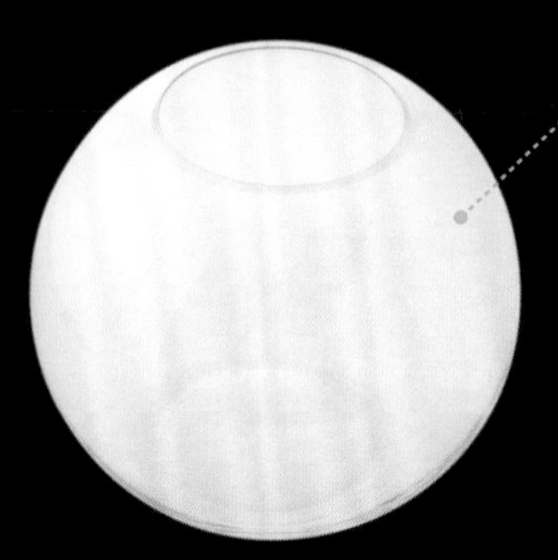

水族玻璃缸
SPHERE（GEX）

水族玻璃缸的迷人之處，莫過於魚缸的形狀可以任君選擇，但由於我們還要在裡頭放養生物，因此挑選的魚缸尺寸儘量不要太小。

Step1 準備水草

1

黑土與水倒入玻璃缸中。為了營造出高度差，後方黑土的厚度為6～7cm，前方厚度則為3～4cm。

黑土與水倒入玻璃缸中

2

窄葉鐵皇冠以其細長的葉片為特徵。亦可使用窄葉鐵皇冠攀附的熔岩。

準備水草

3

泰國中柳以淺綠色的寬葉為特徵。

準備水草

4

異葉水蓑衣在造景之中能充分展現出存在感。

準備水草

5

超紅水丁香深邃的葡萄酒紅可讓整個造景更加吸睛。

準備水草

6

白頭天胡荽可充當水草之間的緩衝材。其他準備的水草還有槐葉萍與毬藻。

準備水草

Step2 水草造景

1

栽植水草

將窄葉鐵皇冠栽植在玻璃缸的正中央。

2

栽植水草

將泰國中柳栽植在窄葉鐵皇冠的後方。

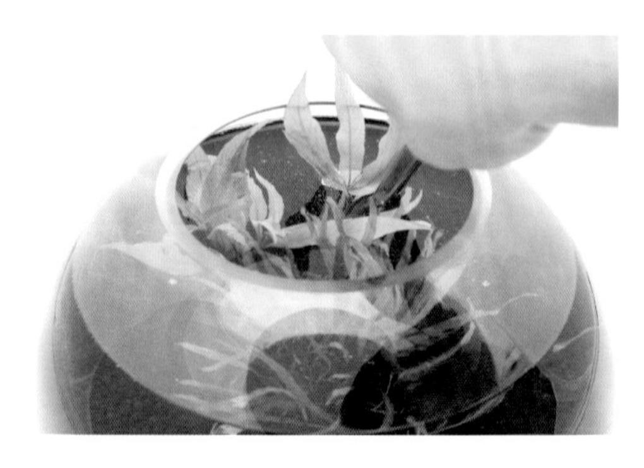

3

窄葉鐵皇冠與泰國中柳栽植完畢的樣子。

4

栽植水草

異葉水蓑衣栽植在泰國中柳的兩側。

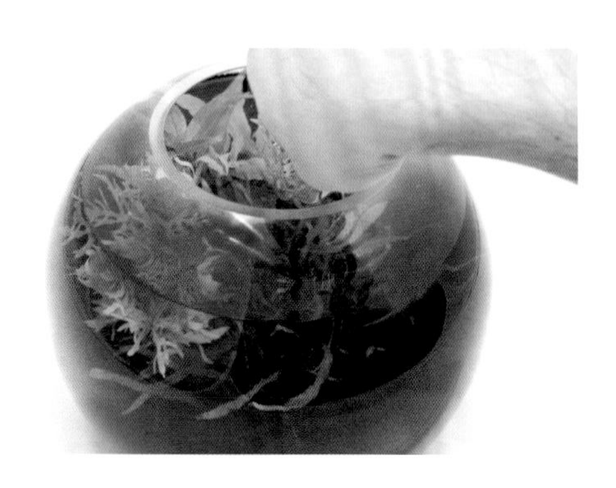

5

異葉水蓑衣栽植完畢的樣子。

6

栽植水草

將超紅水丁香栽植在前方左右兩側。

7 進行到一半的造景

超紅水丁香左右兩側栽植的分量不同，以便呈現不對稱的感覺。

8 栽植水草

白頭天胡荽當作緩衝材，栽植在其他水草之間。

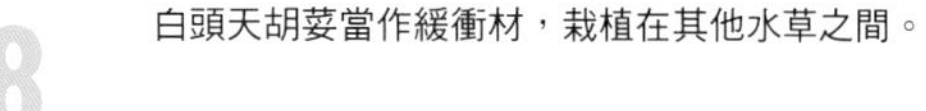

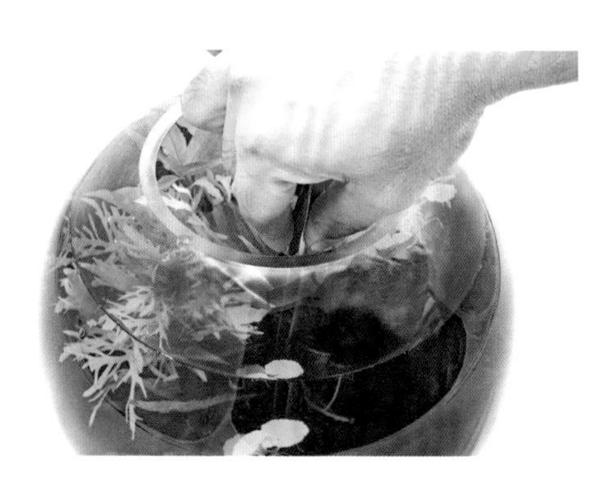

9 水草造景大功告成

讓槐葉萍浮在水面，放入毬藻之後，造景就算完成了。注入已經中和的水（最佳水溫為26℃），以溢出玻璃缸的方式換好水之後再放入鬥魚。

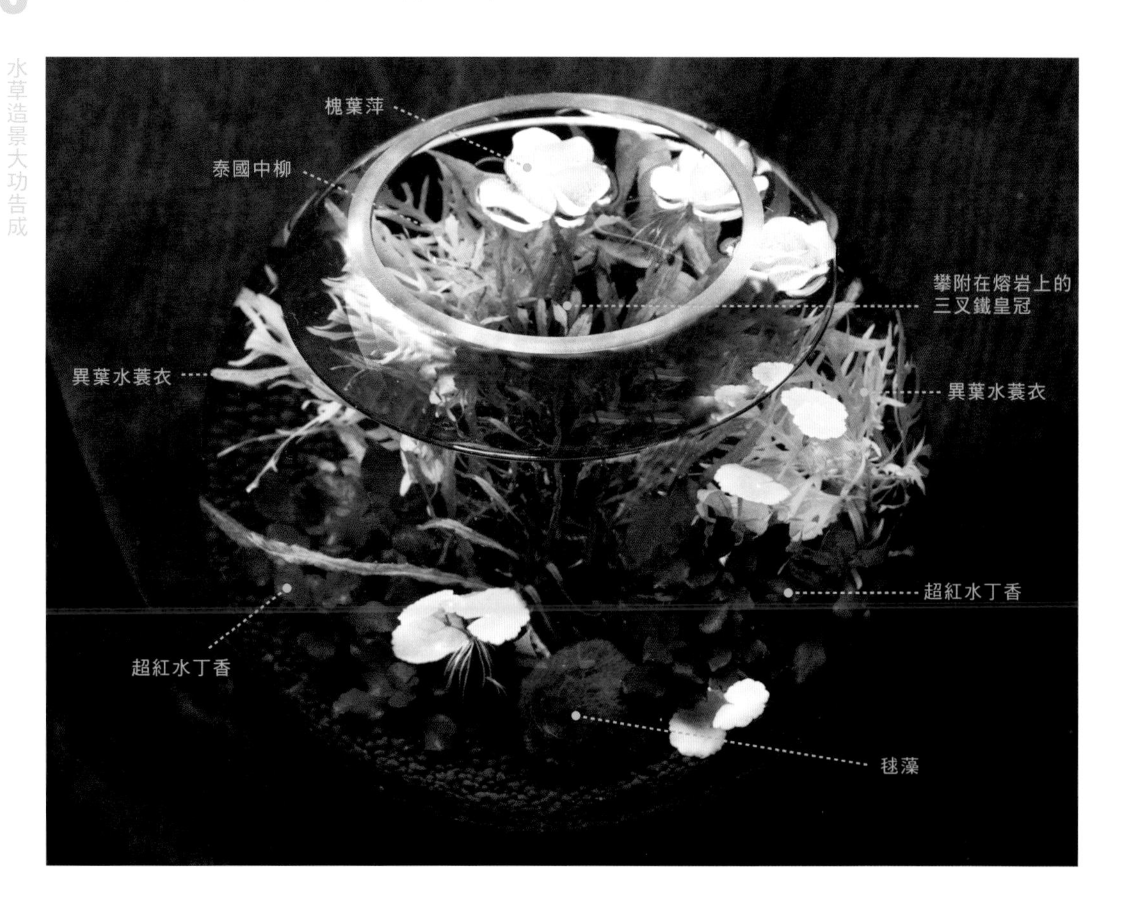

LAYOUT 3

水族造景全景

30cm
的水族箱

■水族箱：長 31.5× 寬 16.0× 高.24 0cm　■水草：百葉草、細葉水芹、青葉草、虎耳、白頭天胡荽、毬藻（養殖）　■水溫：26℃
■pH：7.2 ■生物：霓虹燈、各種滿魚、各種鼠魚等等
■底砂：橘水晶碎石（日本SUDO）

水草造景
的
基本原則

有趣的小型水族箱

可以學習水族造景基本技巧的小型水族箱

60cm的水族箱是最普遍的大小，但是對於新手來說，這樣的尺寸反而偏大，處理時往往讓人無以應對，因此我們建議大家先從30cm的水族箱入門。這個尺寸雖然只有60cm水族箱的一半，但是好處多多，造景時非但不需準備太多素材，擺設更是輕鬆簡單。但因容納的水量少，故在水質管理上必須多加留意。不過水質管理原本就是水族造景的要素之一，所以就讓我們先從小型水族箱開始，好好學習一些相關的基本知識吧。

使用的設備

SILENT FIT 300
（GEX）

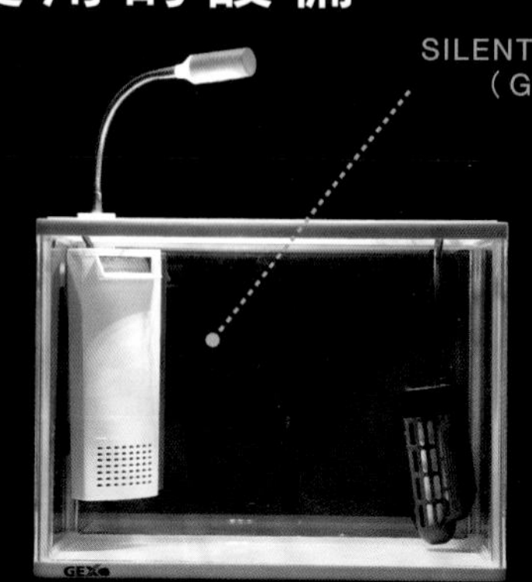

這次使用的水族箱SILENT FIT 300與過濾器屬於套組，所以我們只要追加照明燈與加溫棒就OK了。

Step1 製作造景地基

1 將砂粒（橘水晶碎石）倒進水族箱中。在倒之前要像淘米般洗過一次。

倒入砂粒

2 砂粒整平時，厚度約3～5cm，後方要略高。之後再安裝過濾器與加溫棒。

整平砂粒

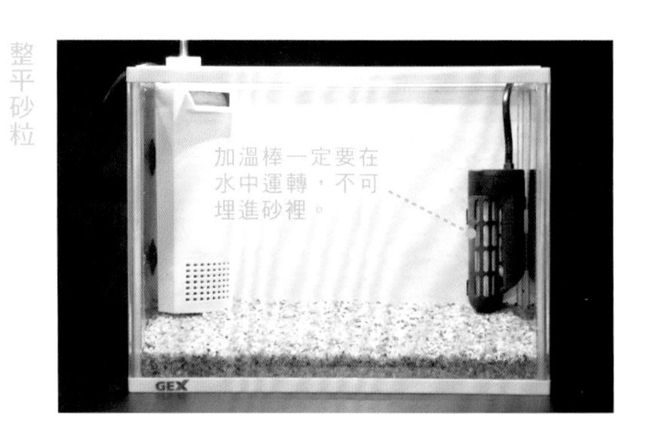

3 選好木化石。顧名思義，這是變成化石的木頭。不僅保留了木頭的氣息，還洋溢著迷人的歲月氛圍。

準備石頭

4 這次使用的漂流木，上頭有爪哇莫絲攀附。

準備漂流木

5 將漂流木擺置在中間這一帶。這個階段暫放即可，之後再一邊考量整體均衡，一邊微幅調整。

擺置漂流木

6 將木化石配置在漂流木的左邊以及前方。

配置石頭

Step2 栽植水草

1 從莖梗長出細長葉片，是百葉草的特徵。

準備水草

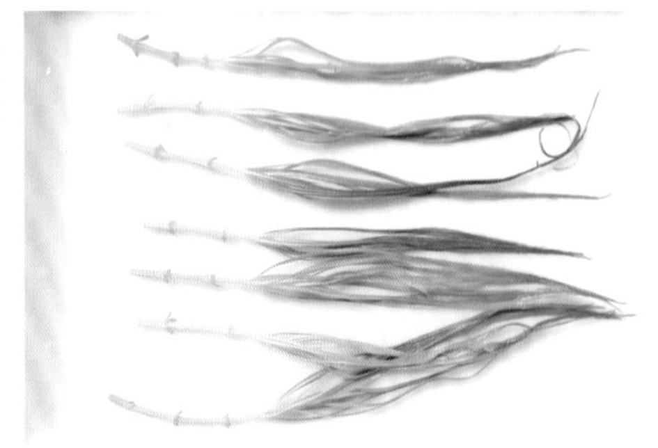

2 細葉水芹以密密麻麻的羽狀葉片為特徵。

準備水草

3 青葉草的特徵， 就是葉片會隨著成長環境的不同而變成粉紅色。

準備水草

4 虎耳以厚實的橢圓形葉片為特徵。

準備水草

5 白頭天胡荽以線條獨特的圓形葉片為特徵。

準備水草

6 毬藻（養殖）圓滾可愛的感覺相當討喜。

準備水草

7

水族箱的水注至七分滿。記得先鋪層海棉布當緩衝材，以免倒水時破壞造景。

將水注入水族箱裡

8

栽植水草要用鑷子，以免破壞造景。鑷子夾至根部，將水草插進砂粒中之後，即可鬆開拉出。

如何使用鑷子

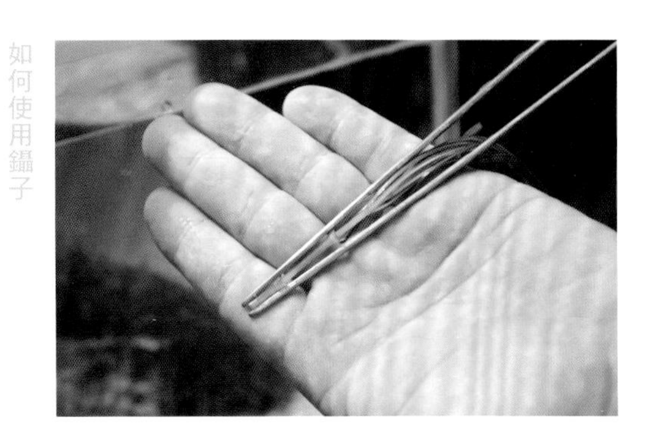

9

比較高的百葉草栽植在左後方，但是要左右錯開，以之字形的方式栽植，好讓光線照進水族箱中。

栽植水草

10

百葉草栽植完畢的樣子。

進行到一半的造景

11

細葉水芹栽植在前方，盡量遮住加溫棒。

栽植水草

12

細葉水芹栽植完畢的樣子。

進行到一半的造景

Step2 栽植水草

13

將青葉草種在細葉水芹的前方。

栽植水草

14

青葉草栽植完畢的樣子。

進行到一半的造景

15

將虎耳栽植在青葉草的前方，以及位在水族箱左後方的過濾器前方。

栽植水草

16

虎耳栽植完畢的樣子。

進行到一半的造景

17

將白頭天胡荽栽植在木化石的縫隙之間。

栽植水草

18

將毬藻放在前方靠近中間的位置之後，造景即算大功告成。

栽植水草

Step3 保養的重點

冷卻風扇

如果水族箱的環境到了夏天，水溫不管怎樣就是會上升的話，那麼就要設置一台冷卻風扇。這樣水溫差不多可以降低3.5℃（外部氣溫會因為汽化熱而下降）。這就是水族冷卻風扇（GEX）。

硝化菌劑

開缸時若能添加一些硝化菌，水質就會更容易穩定，不過使用時一定要添加在水質已經中和的清水裡。

水草造景

用六種水草交織而成的水草缸。就算使用的是30cm大的小型水族箱，照樣能夠欣賞各種水草的成長模樣。配置時較高的水草種在後方，較矮的水草要種在前方，儘量將立體感呈現出來。至於水草的長度，可藉由裁剪根部的方式來調整。

LAYOUT 4

適合飼養在
小型水族箱
裡的鱂魚

一起設置鱂魚缸吧

為鱂魚營造一個洋溢日本風情的水中世界

對於想要接觸水族世界的新手而言，鱂魚缸會是一個理想的選擇。鱂魚在日本是一種棲息於各地、非常普遍的魚，能以較為低廉的價格買到手。而另一個優點，就是這種魚可以飼養在容易處理的小型水族箱裡。鱂魚雖然平凡，但是經過一番品種改良之後，當今種類反而已經超過500種，讓愛好者能夠欣賞到其繽紛多彩的模樣。因此接下來，我們要製作一個能夠把鱂魚絢麗的美襯托出來的造景。

第一個要處理的，就是飼養鱂魚時不可或缺的水草。水草的地位舉足輕重，因為它是鱂魚的藏身處，也是產卵床，所以我們要挑選適合與鱂魚共存的水草。若是能夠再加上配置恰當的溪石，那麼就能夠布置出一個洋溢鱂魚風情的日本景象了。底砂方面，我們使用的是珍珠砂。這個顏色可讓整體感覺更加明亮，同時將鱂魚嬌豔的色彩襯托出來。就讓我們試著在水族箱裡，打造一個氣氛清爽的和風世界吧！

水族造景全景

■水族箱：長 32.0 × 寬 18.0 × 高 22.2cm
■過濾系統：側濾&底濾
■水溫：18℃ ■pH：6.5
■生物：黑鱂魚、青鱂魚、白鱂魚、楊貴妃鱂魚
■底砂：鱂魚砂粒（GEX）

飼養的生物

能夠展現鱂魚氣息的黑鱂魚、在燈光之下洋溢著藍色清涼的青鱂魚、透明光亮的白鱂魚，以及豔麗如金魚的楊貴妃鱂魚。光是這四種，就足以展演出繽紛多彩的世界觀。

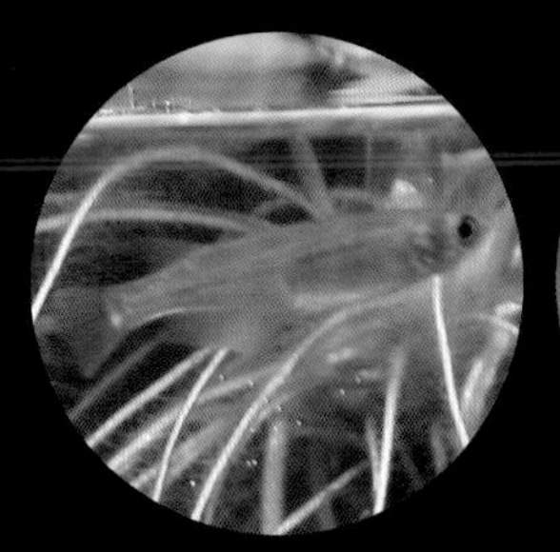

黑鱂魚

青鱂魚

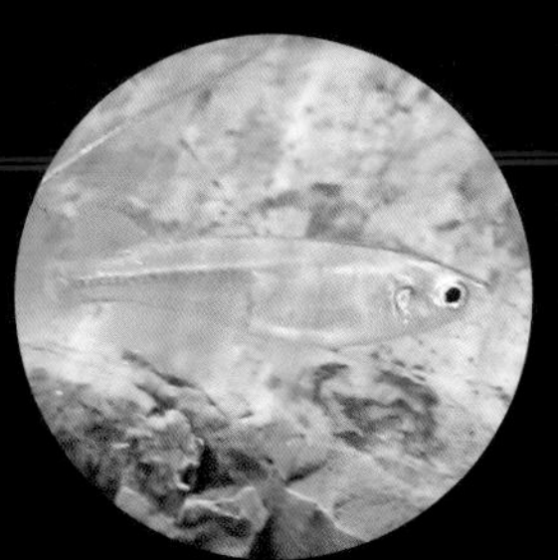

白鱂魚

楊貴妃鱂魚

Step1 製作水族箱地基

要準備的東西

這裡的鰷魚缸以珍珠砂為底砂。這種顏色的底砂非常適合搭配紅色水族箱，能夠展現出光彩明亮的水中景致。這次造景要栽植水草，因此我們要盡量鋪上3至5cm厚的底砂。另外，景物方面使用的是溪石。這次我們挑選了L、M、S這三種尺寸，並且決定把L尺寸的溪石當作主景配置在正中央。鋪設底砂時，記得要後高前低，這樣造景才會更加協調。

溪石

鰷魚砂粒
（GEX）

1 倒入砂粒

厚度約3～5cm。後高前低，稍有坡度，這樣就能營造出立體感。

2 整平砂粒

用刮刀將沙粒整平。

3 思考如何擺置溪石

一邊思考溪石的配置方式，一邊將其放在砂粒上。先決定要如何擺置要當作主景的大型溪石。

Point

先擺石頭
決定景象

溪石先不要埋入砂中，這樣待會兒才好調整位置。造景時要盡量記住後高前低這個重點。

4 安排溪石的擺置方法

先決定大型溪石的配置方式，之後再依序擺放。使用的溪石尺寸為L、M、S這三種。

5 埋入溪石

溪石的造景方式確定之後埋入砂中。埋得深一點可以調降溪石的高度，因此我們可以根據整體的協調感來擺置。

6 將水注入水族箱裡

將水注入水族箱裡。要記得先鋪層海棉布或廚房紙巾當作緩衝材，接著再慢慢把水倒進去，以免破壞造景。

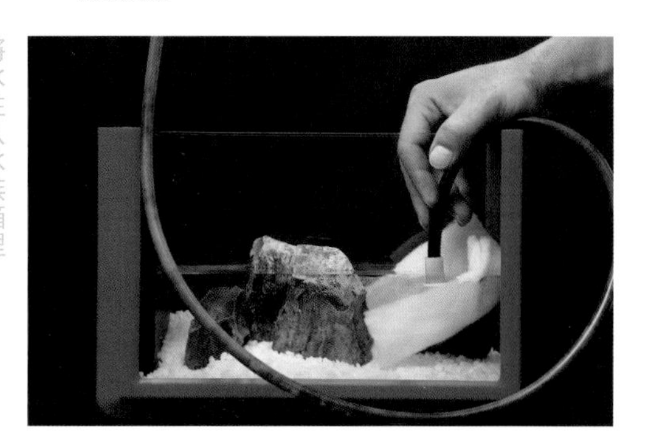

7 完成倒水

水族箱裡的水以10L為標準。倒水之前一定要先中和水質。

Point

如何直接用水桶倒水

製作的造景若是不易被破壞，那就不要用水管，直接以手為緩衝材，把水桶裡的水倒進去也可以。不過這個時候也要慢慢來。

直接把水桶的水倒進水族箱時，可以用手替代緩衝材，慢慢倒進去。

Step2 栽植水草

這一節我們選擇了四輪水蘊草、菊花草、金魚藻及圓心萍這四種水草。四輪水蘊草與菊花草這兩種水草適合與鰷魚共存，因為它們茂密的葉片為鰷魚提供了一個藏身之處，特別是四輪水蘊草出色的淨水能力更是栽植的重點。而屬於浮水性浮草的金魚藻與圓心萍也值得推薦，不僅能使造景更加吸睛，還能充當鰷魚的產卵床。

要準備的東西

菊花草

水蘊草

金魚藻

圓心萍
（青蘋果浮萍）

1 四輪水蘊草種在左側。栽植時先用長鑷子夾緊根部，再慢慢地把水草埋入砂中。

栽植四輪水蘊草

2 菊花草種在四輪水蘊草前方。

栽植菊花草

3 左後方是較高的四輪水蘊草，前方則是菊花草。安排配置的時候都要一一考量水草的高低，讓整個造景更加協調。

水草配置的頂部景

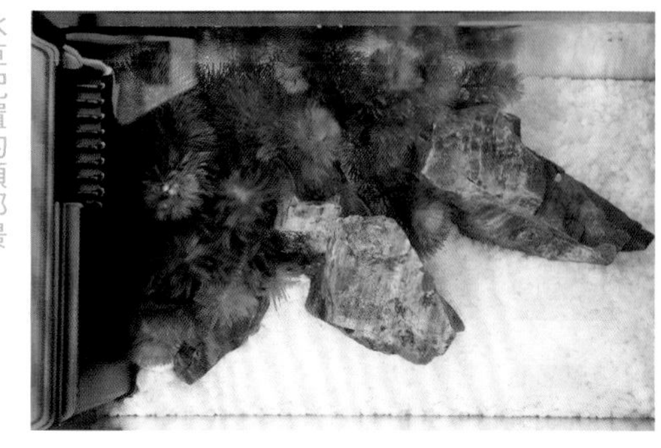

Point

水草要從後方依序往前栽植

水草與石頭以及漂流木等素材一樣，要依序從後方向前栽植。為了讓水草長得更漂亮，栽植時水草之間要保持適當距離，這樣光線才能夠充足照射。

4 放進浮水性浮草

讓浮水性浮草（金魚藻及圓心萍）漂浮在右側。

5 水草配置的頂部景

右後方配置的是金魚藻，前方是圓心萍。

6 將魚放入水族箱裡

造景完成之後要靜置二至三天，待水質穩定，對水與對溫完成之後，再將鱂魚放入水族箱中。30cm的小型水族箱大約可飼養10～15條的鱂魚。不過鱂魚跳躍力強，因此水族箱的蓋子要蓋緊。

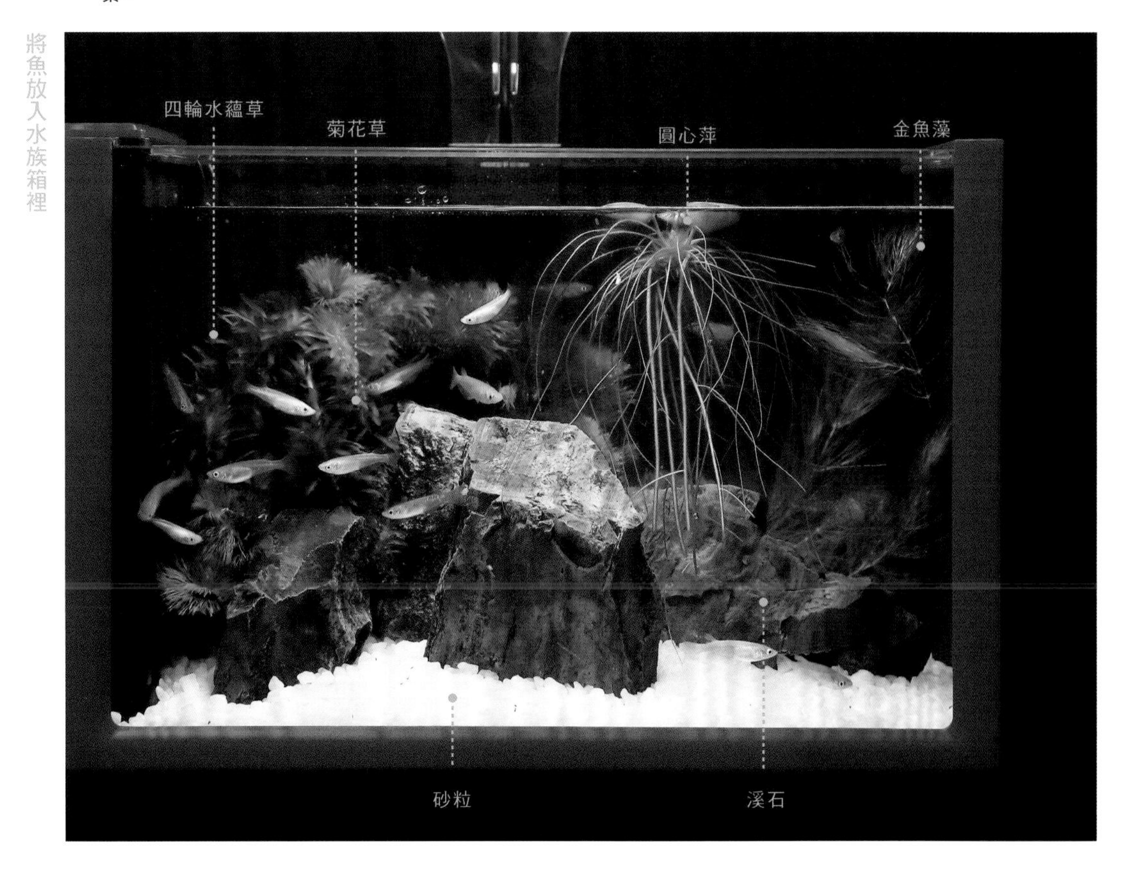

熱帶魚的
代表
孔雀魚

一起設置孔雀魚缸吧

接下來若是打算飼養熱帶魚的話，建議大家從孔雀魚開始

孔雀魚堪稱是最具代表性的熱帶魚。繽紛的身體與碩大的尾鰭使其格外楚楚動人，只要細心照顧，身體的顏色就會變得更加亮麗、不斷繁殖，讓人盡享飼養熱帶魚的醍醐味。這就是孔雀魚的魅力。

孔雀魚可以幫我們打下飼養熱帶魚的知識基礎。這對於打算開始飼養熱帶魚的人而言，是值得推薦的魚類。不過在買魚之前要牢記一點，那就是日本國產的孔雀魚與進口的孔雀魚不一樣。經過繁殖而生下的日本孔雀魚幼魚，顯色通常都會比較漂亮，但是進口的孔雀魚通常都沒有什麼色彩。有些進口的孔雀魚反而還會因原本的飼養環境而帶菌，導致魚兒動不動就死亡，如此情況層出不窮。其實不只是孔雀魚，日本國產熱帶魚的價格之所以會比進口來的高，往往都是因為這個理由，大家要牢記在心。

水族造景全景

■水族箱：長 32.5 × 寬 18.5 × 高 26.0cm（含過濾槽）
■水草：扭蘭、細葉水芹、寶塔草、蘋果草、寬葉迷你澤瀉蘭、叉柱花草
■水溫：24.5℃
■pH：7.5
■生物：藍草尾孔雀魚、德系黃尾禮服孔雀魚、黑木炭孔雀
■底砂：適合魚類的天然砂（GEX）

使用的設備

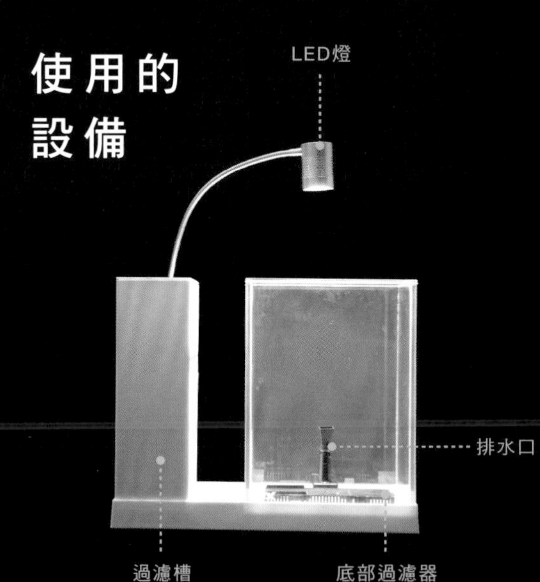

GEX日式和風U型套缸（AQUA-U，GEX）的水，是在過濾槽箱以及水族箱內側循環流動的，因此加溫棒等設備可以安裝在過濾槽箱內。

水族箱附屬的
底部過濾器

100瓦的加溫棒

Step1 製作水族箱地基

1 準備濾材

使用的濾材，是POWER HOUSE的陶瓷環「CUSTOM IN 100（Soft Type）」及Hikari高夠力的「WAVE活性碳（小型水族箱用）」。

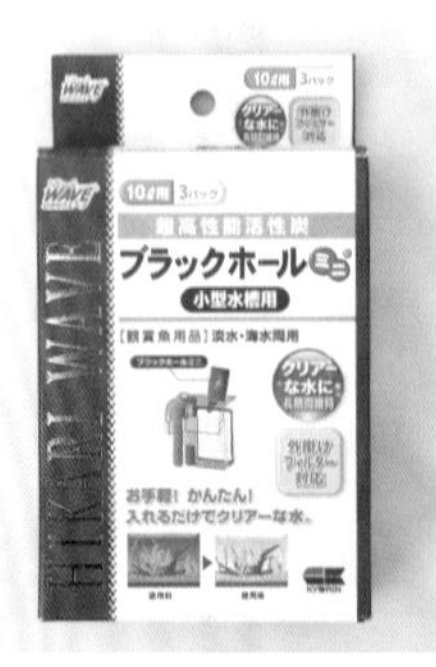

2 安裝濾材

將加溫棒、濾材、活性碳及水溫計全都安裝在過濾槽箱裡。記得，加溫棒與水溫計不可安裝在一起。

3 倒入砂粒

將砂粒（適合魚類的天然砂）倒進水族箱中。砂量約水族箱底部1cm高。

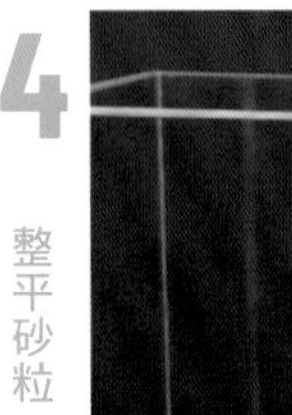

4 整平砂粒

水族箱鋪好砂粒之後將表面整平。

5 準備石頭

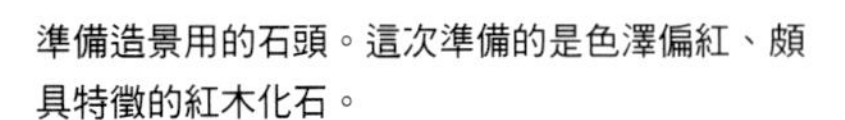

準備造景用的石頭。這次準備的是色澤偏紅、頗具特徵的紅木化石。

6 配置石頭

將最高的紅木化石配置在水族箱的左後方。

7

配置石頭

一邊考量整體的均衡，一邊決定如何擺置紅木化石。決定得差不多了，便可微幅調整，做最後決定。

Point

先從大塊石頭開始配置

用石頭造景時，先從最大或最高的石頭開始配置，這樣整體會比較容易取得均衡。配置原則與水草相同，亦即將較高的石頭放在後方。

8

決定石頭的配置

石頭的配置與角度確定之後，便可將其埋入砂中固定。若是太高，就埋得深一點，以調降石頭的高度。這樣造景地基就算完成。

Step2 栽植水草

1

將水注入水族箱裡

將水注入水族箱之前，記得先鋪層海棉布當緩衝材，以免倒水時不慎破壞造景。接著將水倒至八分滿，以便栽植水草。

2

將水注入水族箱裡

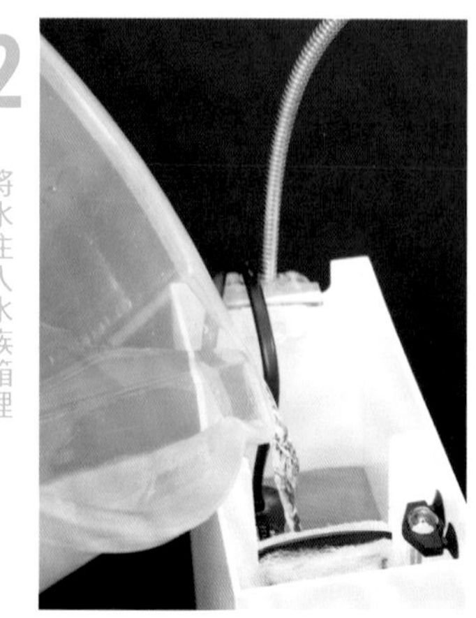

使用的若是這種類型的水族箱，便可直接將水注入過濾箱中，如此一來就能避免破壞造景。

3

準備水草

扭蘭栽植在水族箱後方的最左邊。

4

準備水草

細葉水芹栽植在扭蘭的前方。

5

準備水草

寶塔草栽植在細葉水芹的前方。記得調整高度，長的種在後方，短的種在前方。

6

準備水草

蘋果草種在寶塔草前方。

7

準備水草

將寬葉迷你澤瀉蘭栽植在水族箱左前方附近。

8

準備水草

將叉柱花草種在水族箱的右前方附近。

9

栽植水草

這六種水草從水族箱左後方到前方依照扭蘭、細葉水芹、寶塔草、蘋果草、寬葉迷你澤瀉蘭、叉柱花草的順序栽植之後，水草造景就算完成。

LAYOUT 6

Shrimp

對嬌弱的
蝦類來說
水質管理
非常重要

一起設置蝦缸吧

讓我們為敏感的蝦類完成一個重視穩定水質的水族箱吧！

蝦類在水族飼養這個領域的人氣頗高。在這當中，以鮮豔的紅白條紋為特徵的紅白水晶蝦，身價還會隨著身體的發色情況以及花紋而飆漲，甚至有不少人是專業的養蝦戶呢。不過紅白水晶蝦這種生物對於水質變化相當敏感，飼養的難度稍高，不太適合水族新手。正因如此，若能成功飼養紅白水晶蝦，就代表已經成為一個可以獨當一面的水族專家了。不用說，隨著成功繁殖伴隨而來的喜悅更是難以言喻。

蝦類的飼養難度雖高，但是只要具備基本的水族知識，就不需太過擔心。這一節我們要告訴大家蝦缸造景以及維護保養的方法。飼養紅白水晶蝦時，只要事先準備能夠打造基本水質環境的設備、慎選水草，以及確實定期保養的話，就算是新手，也能成功做出一個夢想中的蝦缸。

水族造景全景

■水族箱：長 46.0 × 寬 25.5 × 高 25.7cm
■水草：三叉鐵皇冠、爪哇莫絲
■水溫：23℃ ■pH：6.8 ■生物：紅白水晶蝦、黑白水晶蝦、布里奇波魚 ■底砂：水晶蝦黑土底砂（GEX）

使用的設備

對於水質管理要求相當嚴苛的蝦缸，除了底部過濾器，還要再加裝一台外掛式過濾器，以提升濾水功能。

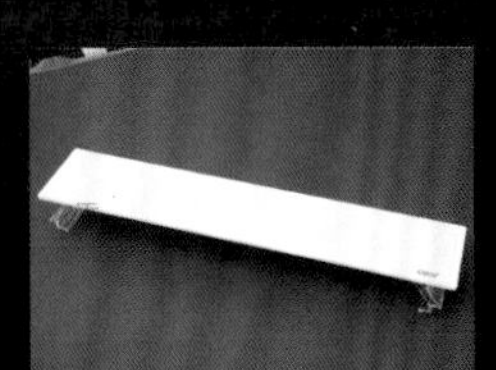

CLEAR LED PG 450（GEX）

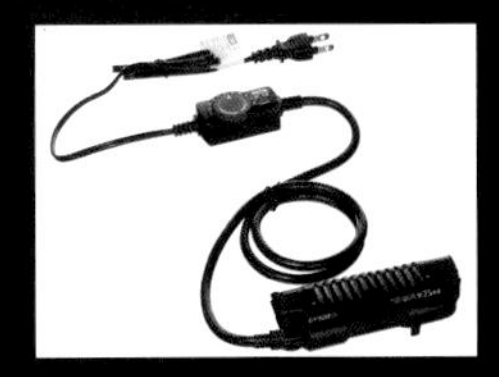

自動加溫棒轉盤橋 Auto Heater Dial Bridge R75AF（日本Everes）

外掛式過濾器 Auto One Touch Filter AT-30（德彩Tetra）

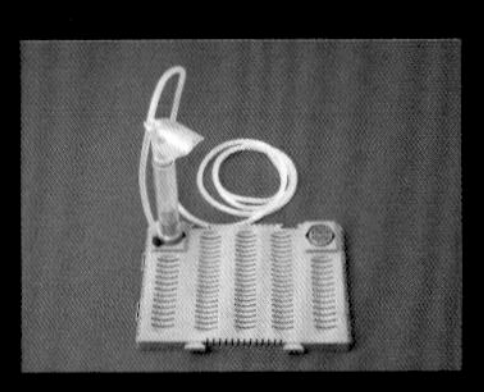

底部過濾浪板 300（壽工藝）

Step1 製作水族箱地基

蝦缸在造景之前，必須先架設好一個可以維持水質環境的基本系統。蝦類是一種非常嬌嫩的生物，因此我們準備了底部式及外掛式這兩種過濾器，以便提高淨水功能。其實，黑土也具有過濾功能，因此這裡鋪設的量會比一般的水族箱多。當然，對於易受水質影響的蝦類而言，水族箱的大小也很重要，故當我們在選購時，尺寸最起碼要45cm寬，盡量避免使用小型水族箱。

從造景地基開始動手

1 安裝設備

先在水族箱安裝底部過濾器、外掛式過濾器與加溫棒。

2 倒入濾材

濾材放入外掛式過濾器中。使用的濾材是Hikari高夠力的「WAVE活性碳（小型水族箱用）」及POWER HOUSE的陶瓷環「CUSTOM IN 50（SOFT）」。

3 倒入黑土

將黑土倒入水族箱裡。黑土可以直接倒，不需清洗，這點與砂粒不同。

4 整平黑土

如果是養蝦，黑土通常能夠發揮濾材的作用，可以多放。整平表面時，以前方3cm，後方5cm左右的高度為標準。記得先將黑土整平。

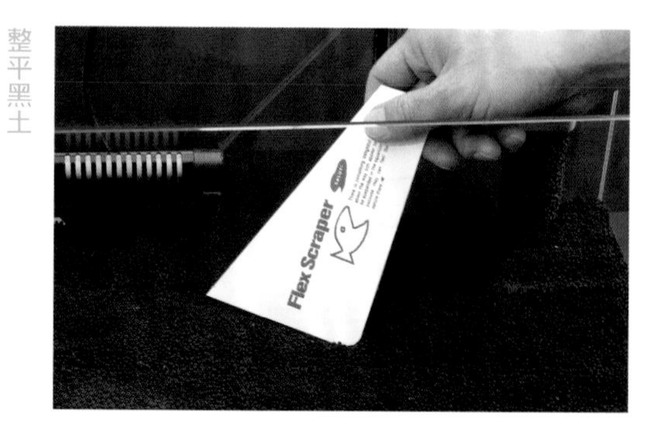

Step2 準備造景素材

要準備的東西

這次的蝦缸是以漂流木、小石頭及土管為造景素材。在動手造景之前，先用絲線（莫絲棉線）將爪哇莫絲綑綁在漂流木或小石頭上。等到爪哇莫絲攀附在素材之後，莫絲棉線就會自然融解於水中，後續處理相當方便。造景時若能使用已經攀附在素材上的莫絲類水草，就能營造出更加自然不造作的氣氛了。已有長青苔的土管還可以當作蝦子躲藏的地方，是挑選時值得採購的造景素材。

漂流木

小石頭

爪哇莫絲

莫絲棉線（ADA）

三叉鐵皇冠

長青苔的土管

1 將莫絲捲在漂流木上

絲線（莫絲棉線）緊緊捆在漂流木上當作起點，接著再用同一條線將爪哇莫絲綑綁起來。

捆好之後打結固定。爪哇莫絲會隨著時間自然攀附在漂流木上，而莫絲棉線到最後會整個融解。

2 將莫絲綑綁在小石頭上

同樣地，小石頭也要捲上爪哇莫絲。但是盡量避免使用珊瑚石或石灰岩之類的石頭，免得水質變硬。

Point

規劃爪哇莫絲的成長空間

將爪哇莫絲綑綁在漂流木或小石頭上時不要過於密集，要保留一些空間讓葉片成長。另外，盡量綁在可以照到光線的那一面。

Step3 動手造景

1

配置漂流木

漂流木綑上爪哇莫絲之後擺置在水族箱內。根部稍微埋入黑土中固定。

2

進行造景

漂流木的位置固定後，便可進行其他的造景。為了方便起見，造景時建議依照漂流木、三叉鐵皇冠、土管以及小石頭（由大至小）的順序進行。

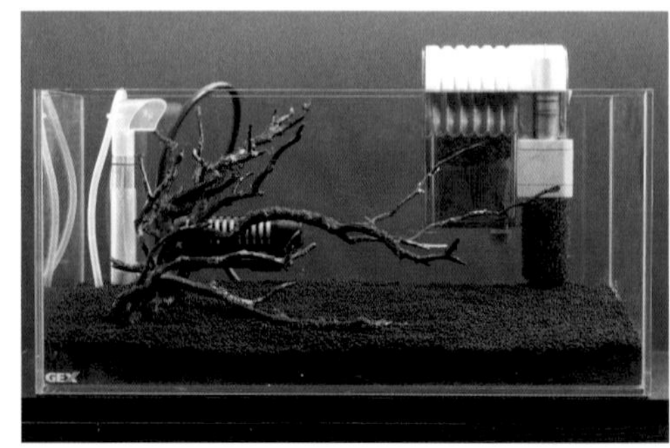

3

完成造景

蝦缸造景的時候要用較細的樹枝狀漂流木，以免蝦子躲在後方看不見。但是為了繁殖，替蝦子布置一個可以當作藏身處的空間也很重要，因此這次造景我們使用了土管。

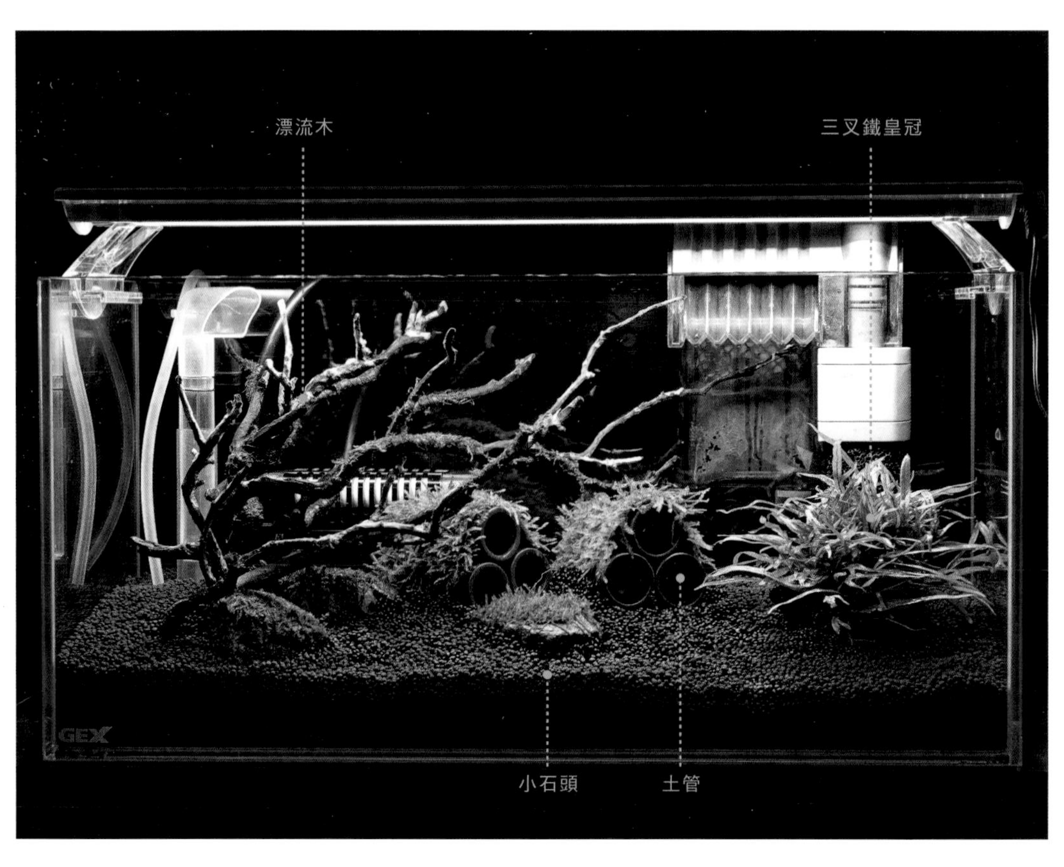

Step4 倒水及放養生物

1

用噴霧器將黑土噴濕之後，再把水注入水族箱中。要記得先鋪層海棉布或廚房紙巾當作緩衝材，接著再慢慢把水倒進去，以免破壞造景。

將水注入水族箱裡

2

水族箱裡的水以16L為標準。接著讓水循環約一週，待水質穩定之後再放養生物。

等待水質穩定下來

3

先將蝦袋放在水族箱內，使其浮在水面上對溫。過了10～20分鐘之後，再一點一點地將水族箱裡的水倒入蝦袋中，以調整水質。

對水

對水要分三次進行。第一次的水量是點滴狀，第二次是細線狀，第三次則是全開（前兩次對好的水要取三分之二倒回水族箱中）

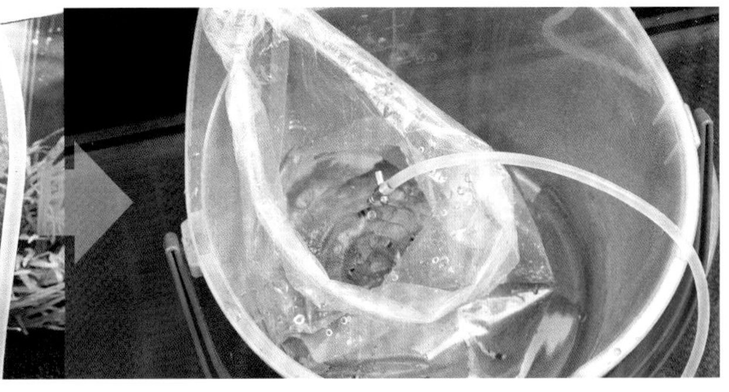

4

45cm大的水族箱大約可以飼養15～30隻蝦。這次一起放養的魚是布里奇波魚（30條）。蒙脫石也要放進去，因為這種石頭融出的礦物質，在蝦類脫殼時能幫助其骨骼成長。

將生物放養在水族箱中

蒙脫石

Step5 保養水族箱

享受水族樂趣之餘，可別忘記保養水族箱。對於那些不太能承受水質變化的水中生物而言，維持水族箱的內部環境是一件必做的事。話雖如此，若保養不當，有時反而會對這些水中生物造成壓力。因此接下來我們要為大家詳細介紹正確的保養方法。讓這些小生物過得健康的關鍵，就在於每個月定期保養二至三次，好讓水族箱隨時保持潔淨。

設置之後間隔三週的水族箱

1

先保養水族箱外側。用抹布將水族箱蓋上的汙垢擦拭乾淨。

擦拭水族箱蓋

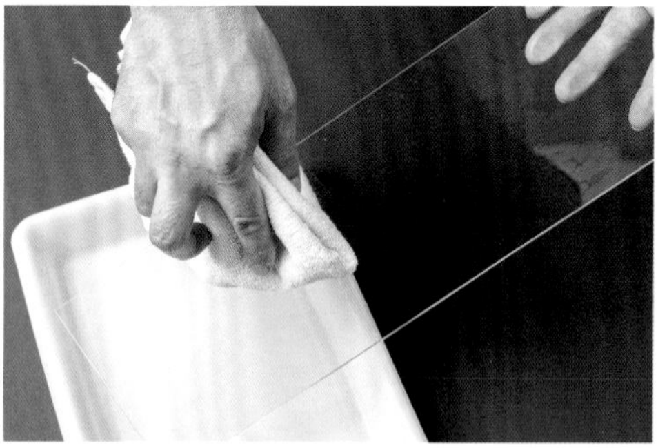

2

水族箱若是沒有蓋子，照光量會因為照明燈上的汙垢而變少，所以保養時一定要用抹布將上頭的髒汙擦拭乾淨。

擦拭照明燈

3

三叉鐵皇冠的葉片若是增加太多，根部的水流就會停滯，這樣會非常容易得到葉斑病，因此老舊以及較大的葉片要從根部裁剪下來。

修剪水草

4

爪哇莫絲的其中一端浸泡在盛滿水的水桶中，以搖晃的方式清除上頭的雜質之後再整個修短。

清除莫絲其中一端的雜質

5

將變長的爪哇莫絲倒放在水桶裡，搖晃清洗之後直接拉出來，讓葉片倒立，這樣會比較容易修剪。

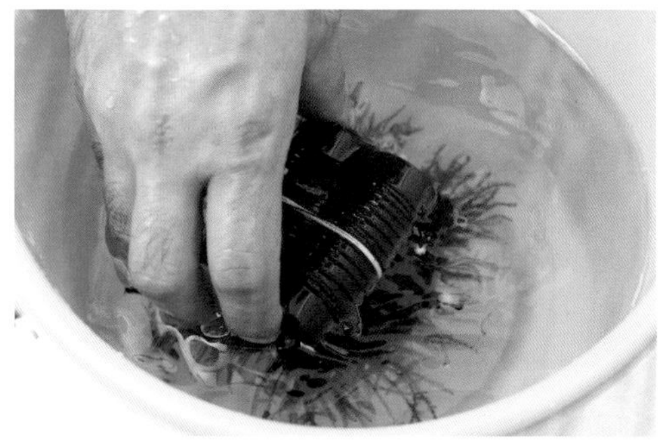

6

根部保留下來，大致修剪整體。大約修剪七、八成的長度即可。

保留根部，其餘修剪

7

莫絲在造景完成過後三週，長度原本變長不少，經過修剪之後變得相當清爽。

這個步驟若是跳過不處理，攀附在土管上的爪哇莫絲根部就會照不到光線，到頭來反而會從土管剝落。

8

接下來是清洗水族箱內部。清洗之前先關掉加溫棒及過濾器的電源（因為水位下降會讓機器空轉，有時甚至會導致故障）。

關閉設備的電源

Point

蝦缸不栽植有莖草的原因

有莖草為了清洗保養而從黑土裡拔出來時會產生游離氨，對於嬌柔敏感的蝦類會造成影響。為了避免這種情況發生，建議大家不要栽植有莖草。

Step5 保養水族箱

9

附著在水族箱內部及設備上的汙垢，要用牙刷及科技海綿來清洗。

使用的清洗工具

10

過濾器的細部用牙刷等工具好好地刷洗乾淨。

清洗過濾器

11

加溫棒表面也要用科技海綿將汙垢刷洗乾淨。但是清洗之前一定要先關閉電源。

清洗加溫棒

12

水族箱內部用科技海綿好好刷洗乾淨。

清洗水族箱內部

13

清洗囤積在黑土裡的髒汙時，用洗砂器會比較方便。

清洗黑土

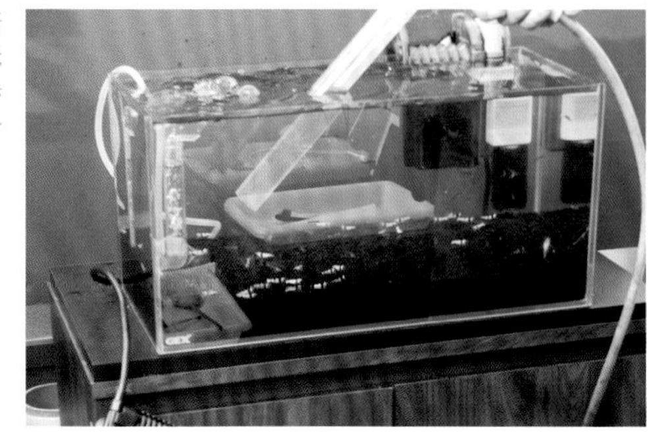

14

洗砂器置入黑土中，吸取內部的髒汙。

安裝洗砂器

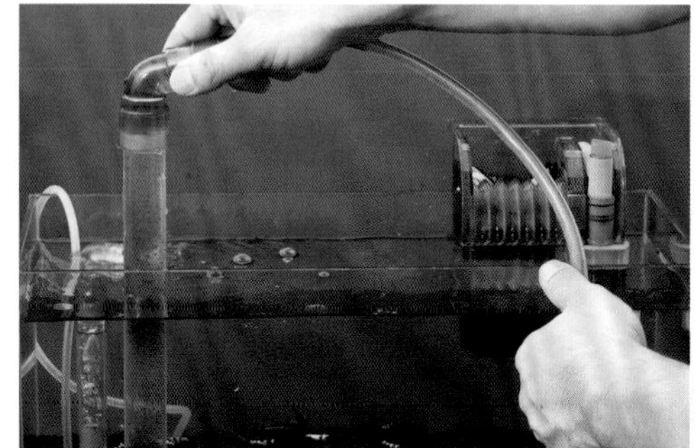

15

洗砂器在清洗底砂時會連同缸內的水一起吸取，因此水族箱的底砂不要一口氣整個清洗乾淨，每次保養時大約清洗四分之一的量即可。

分次清洗底砂

16

過濾器的海綿布，放在裝滿水的水桶裡直接揉洗會比較容易洗乾淨。

清洗海綿布

17

加溫棒等設備裝回水族箱內，修剪好的水草也放回原處。

擺回造景物

18

補上因洗砂而減少的水量。加水時水流要盡量緩慢，以免驚嚇到生物。

換水

19

打開電源，啟動設備即算大功告成。底部過濾器排水口的高度要配合水面，方向與水族箱成對角線， 這樣才能夠發揮最大功效。

打開設備的電源

Point

每個月要保養二至三次

水族箱每個月要定期保養二至三次，這一點很重要。千萬不要久久才清洗、保養水族箱一次，因為生物無法承受環境急遽變化。

Step5 保養水族箱

造景設置之後過三週， 水族箱裡的水草就會變得非常茂密。在這種情況之下，水族箱內部的玻璃壁面、過濾器及加溫棒上的髒汙就會越來越多而且明顯。但是只要妥善保養，水質就會變得清澈，整個造景看起來也會更加清爽。

PART 3

中大型水族箱的造景方式

AQUARIUM

可以欣賞
各種花紋的
琵琶魚缸

一起設置琵琶魚缸吧

以琵琶魚的故鄉亞馬遜河為造景意象

與鯰魚同屬一類的琵琶魚，廣泛分布在以亞馬遜河為中心的南非大陸。大型魚的品種體長可達1公尺， 不過小型魚的品種體長只有10cm。這種魚的體色及花紋形形色色，琳瑯滿目，吸引了不少愛好家。飼養其他魚類的水族箱情況固然相同，不過當我們在飼養琵琶魚時，在水質管理上要特別注意，因為琵琶魚愛吃又常排泄，非常容易把水弄髒，所以當我們在造景時，一定要設置一台馬力強大的過濾器。而這一節介紹的水族箱中，安裝的是以高過濾性能為特徵之上部式過濾器。

為了避免琵琶魚爭奪地盤，我們在造景時使用了可以當作巢穴或者是藏身處的躲藏磚。琵琶魚會食用水草，因此水族箱上方的水榕要少放一些。另外，過濾器裡也要放些黑土，好讓其所含的礦物質融入飼育水中， 如此一來就能讓水質更加接近琵琶魚生活的河川。

水族造景全景

■水族箱：長 60.0× 寬 30.0× 高 36.0cm ■水草：小榕、黃金小榕 ■水溫：26.5℃ ■pH：7.5 ■生物：底層/琵琶魚（黑線巴拉圭鯰、綠皮皇冠豹異型、白點下鉤鯰、委內瑞拉下鉤鯰、斑馬下鉤鯰、黃翅黃珍珠異型、雪花小鬍子等）中層/檸檬燈、棋盤麗、紅鼻剪刀 ■底砂：麥飯石

使用的設備

上部式過濾器

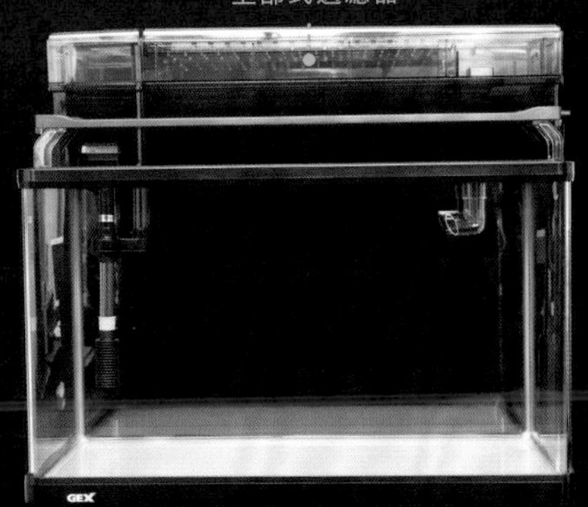

Grande Custom 600
（GEX過濾器）

加溫棒（150W）

自動調溫器（150W）

閃光器

過濾器的機型雖然要根據魚的數量來選定，但若想要提升濾水功能，除了上部式過濾器，亦可考慮追加外部式過濾器。

Step1 安裝上部式過濾器

過濾性能是琵琶魚缸安裝過濾器的重點，因此我們在這裡選擇了濾水面積大，過濾性能高的上部式過濾器。

「Grande Custom 600」這款上部式過濾器屬於雙層構造，因此我們將「Hikari 高夠力 Wave 超高性能活性碳 Black Hole」倒在上層，「Power House 陶瓷環 M號（Hard Type）」倒在下層。

此外還加上了可以釋放礦物質的黑土，以便用來控制水質。

要準備的濾材

Power House 陶瓷環M號（Hard Type）

Hikari 高夠力「Wave 超高性能活性碳 Black Hole」

1 倒入濾材

這次使用的上部式過濾器採雙層構造，因此我們先將濾材Power House陶瓷環 M號（Hard Type）倒在下層的過濾槽中。

2 安裝濾材

濾材的用量大約為2L。

3 將黑土倒入瀝水袋中

黑土倒入瀝水袋中，讓其所含的礦物質融入飼育水，以便調整出適合琵琶魚生活的水質。

4 袋口綁緊

黑土倒好之後再套上一層瀝水袋，袋口綁緊。

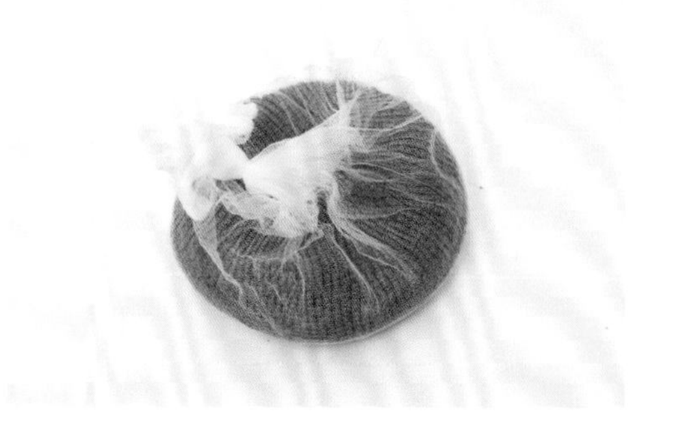

5

當作礦物質來源而使用的黑土裝進瀝水袋之後，放在右側的濾籃中。

放置黑土袋

6

濾材與黑土裝進第一層過濾槽之後，接著將網架安裝在上面。

下層濾材放置完畢

7

取兩包活性碳（Hikari 高夠力 Wave 超高性能活性碳 Black Hole），稍微搖晃後放在上層的過濾槽中。

放置活性碳

8

將過濾棉放在活性碳上面。

在上面鋪層過濾棉

9

活性碳與過濾棉鋪設在上層過濾槽，蓋上蓋子之後，上部式過濾器即算設置完畢。

上層濾材鋪設完畢

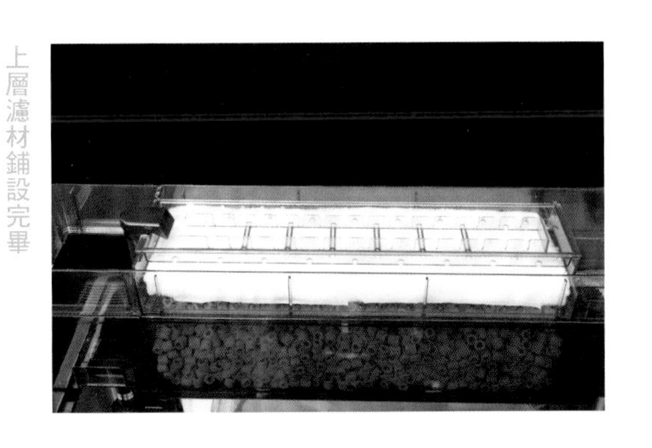

Point

記得留意魚類實際要生活的環境

當我們在進行水族造景時必須牢記一點，那就是要考量到魚兒實際是在什麼樣的環境之下生活。只要能掌握這一點，就能夠在水族箱裡布置出一個氣氛真實、適合魚兒生活的環境。

Step2 設缸造景

食欲旺盛的琵琶魚雖然會幫忙把苔蘚吃下肚，但有時卻會連那些辛苦擺設的水草也一起啃食。因此我們在造景的時候要改用躲藏磚、黃虎石及漂流木，盡量避免使用水草。這當中最能夠營造出琵琶魚缸氣氛的就是躲藏磚。漂流木也不錯，能夠讓整個水族箱營造出一股獨特的氣氛，而且還能夠當作琵琶魚的藏身之處呢。

要準備的東西

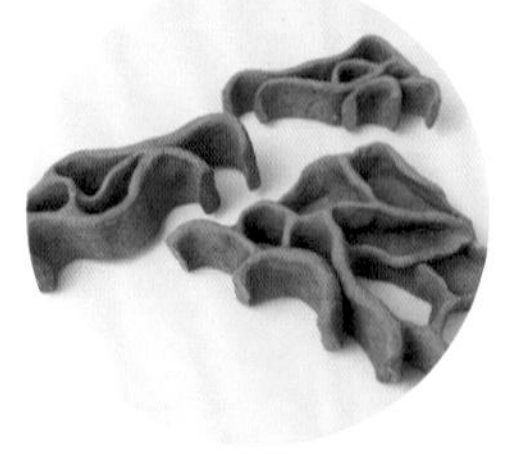
躲藏磚

黃虎石

1 安裝設備

打氣機（空氣幫浦）及水中LED照明燈等上部式過濾器以外的設備，也要安裝上去。

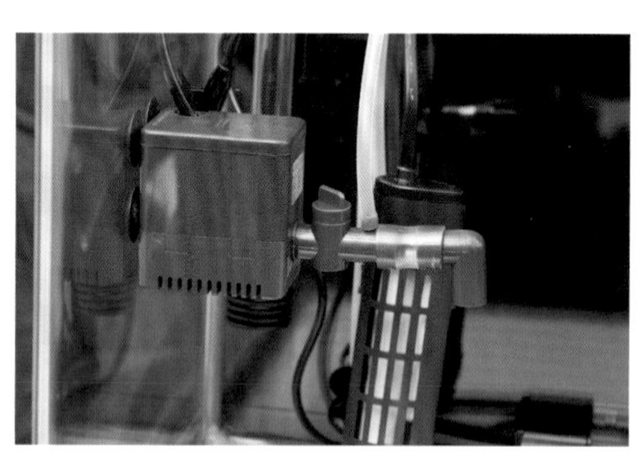

2 造景

黃虎石均勻配置之後，再將躲藏磚擺在上面造景。擺置漂流木時，要盡量將躲藏磚突顯出來。

3 繼續造景

一邊觀察整體，一邊追加漂流木。漂流木可事先用快速膠黏著固定，以防倒塌。

Point

決定漂流木及石頭的正面！

漂流木及石頭欣賞的角度不同，給人的印象也會隨之改變。因此在正式造景之前，我們要先決定最佳方向以及角度。

4

先將砂粒（麥飯石）倒在前面，讓造景基底更加穩定。不過在這之前，砂粒要先清洗乾淨。

倒入砂粒

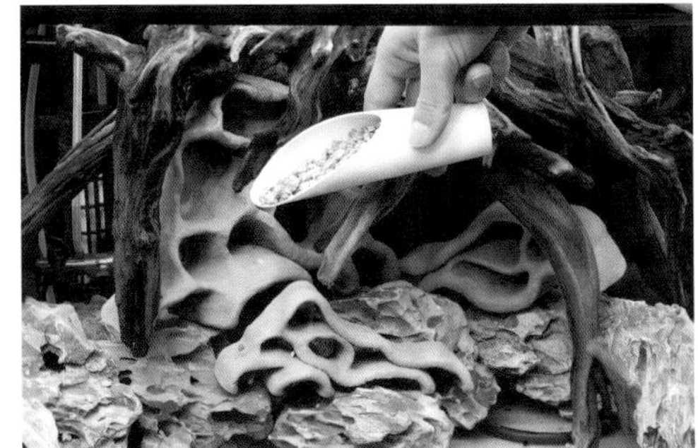

5

砂粒均勻爬梳。

整平砂粒

6

這樣造景基底工作就算結束。特地用來當作琵琶魚巢穴的躲藏磚，在漂流木的襯托之下完美地融入整個造景之中。

完成造景基底

Step3 栽植水草及放養生物

完成造景基底之後，將水注入水族箱中，小榕與黃金小榕這兩種水草固定在漂流木上，如此一來造景便完成了。對水之後，就可以把魚放養到水族箱裡。不過琵琶魚這種魚通常都在底層生活，因此我們放養了一些像檸檬燈之類的燈魚科魚類，好讓中層的水族景觀更加熱鬧。若要增加琵琶魚的數量，除了上部式過濾器，還要再另外加裝外部式過濾器或沉水式過濾器才行。

1 水注入水族箱裡之後，打開上部式過濾器的電源開關，確認過濾系統是否有好好運轉。

將水注入水族箱裡

2 打開其他設備的電源開關。若能安裝一支水中LED照明燈，這樣就能在夜間觀察魚的行動了。

打開設備的電源開關

3 水草（小榕及黃金小榕）固定在左右兩側的漂流木上。如此一來，整個造景便大功告成。

水草造景

4 造景完成之後先靜置七至十天，等到水質穩定下來， 水族箱裡的水循環過後要先對水，這樣才能將魚兒倒入水族箱中。

為魚兒對水

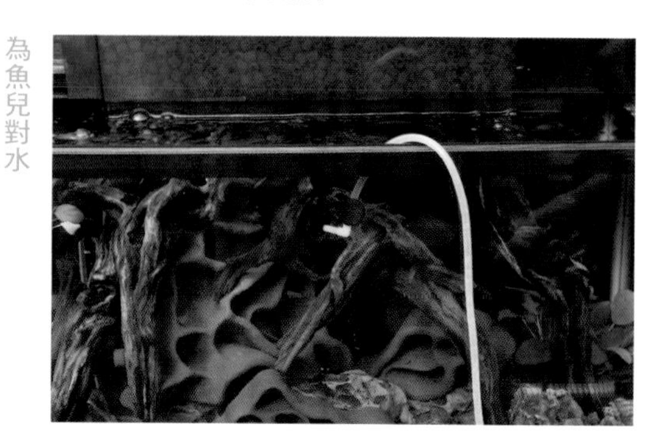

5

慢慢將水族箱內的水注入魚袋中對水。水族箱不要一次放養太多魚， 建議隔週慢慢增加。

為魚兒對水

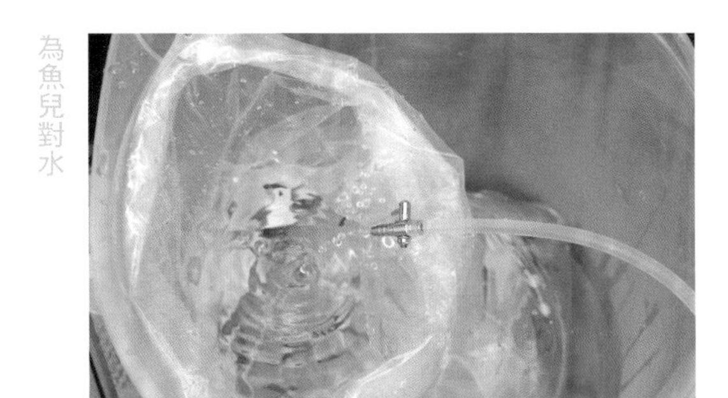

6

對好水之後， 將整個魚袋放入水族箱中，進行對溫。

為魚兒對溫

7

屬於底棲魚類的琵琶魚，經常生活在水族箱的底部，因此我們可以放養一些檸檬燈或之類的脂鯉目魚類，讓水族箱中層的氣氛更熱鬧。其實琵琶魚的棲息地原本就常見脂鯉目魚類，故兩者在觀賞上堪稱絕配。若能偶爾餵食馬鈴薯或小黃瓜切片的話，琵琶魚說不定會更開心喔。

水族箱全景

LAYOUT 8

水族造景全景

60cm
的水族箱

一起設置60cm的水草缸吧

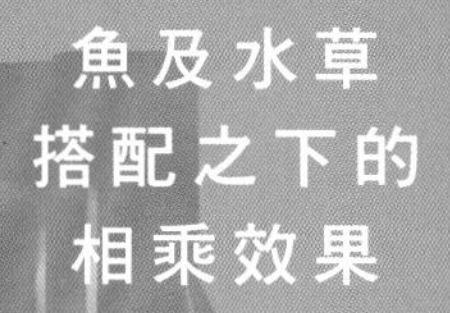

魚及水草搭配之下的相乘效果

■水族箱：長 60.0 × 寬 30.0 × 高 36.0cm
■水草：珍珠三角莫絲、露茜椒草、狹葉皇冠草、越南古芝穀精、越南三角葉、小氣泡椒草、綠松尾、新大珍珠草等
■水溫：25.5℃　■pH：6.0　■生物：紅蓮燈等
■底砂：日本ADA水族專用泥系列 亞馬遜黑土標準型（Aqua Soil Amazonia Normal Type，ADA）

使用的設備

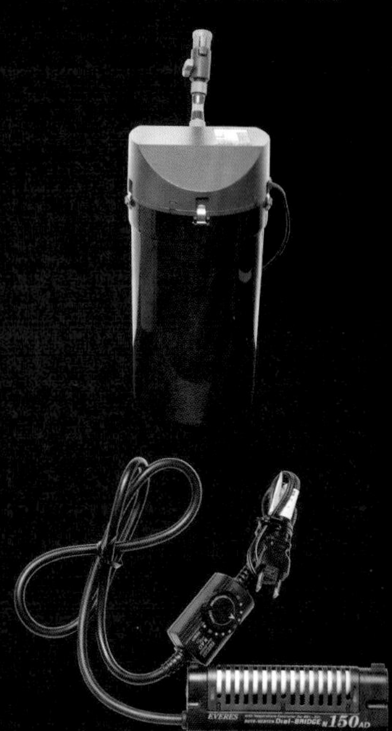

■CO_2：大型CO_2鋼瓶
■過濾器：德國Eheim伊罕經典2215（外置圓桶過濾器）
■照明設備：日本Zensui Multi Color LED 600×2（共兩支）
■加溫棒：自動加溫棒轉盤橋 Auto Heater Dial Bridge R150A（日本Everes）

沉穩的漸層色調構成一片美麗的自然觀

藉由小型水族箱造景熟悉設缸方式之後，接下來不妨試著挑戰設置大型水族箱。在這當中，60cm的水族箱並不需要設置體積龐大的設備，算是相當普遍的熱門尺寸。

這一集要介紹的水族造景重點在於色彩鮮艷的紅綠漸層。造景時只要將搶眼的綠色當作前景草的吸睛重點，就能完成色調柔和的漸層。若再加上色調鮮明的熱帶魚，在水草的襯托之下就能展現出優美的相乘效果。

Step1 準備水草

這次設缸所使用的水草除了照片中介紹的珍珠三角莫絲（1杯），還要再加上狹葉皇冠草（10株），共18種。栽植的水草種類若是豐富一些， 不僅可以營造出自然優美的水景， 還能欣賞到繽紛亮麗的漸層色調。

黑木蕨
（2株）

三叉鐵皇冠
（1盆）

卡特琳娜辣椒榕
（1盆）

縐邊椒草
（6株）

露茜椒草
（5株）

日本簀藻（日本澤藻）
（7株）

針葉小百葉
（35株）

印度小圓葉
（20株）

粉紅小圓葉（錫蘭小圓葉）
（35株）

青蝴蝶
（7株）

綠松尾
（15株）

越南古芝穀精
（4株）

越南三角葉
（10株）

帕夫椒草（迷你椒草）
（5株）

寬葉針葉皇冠草
（10株）

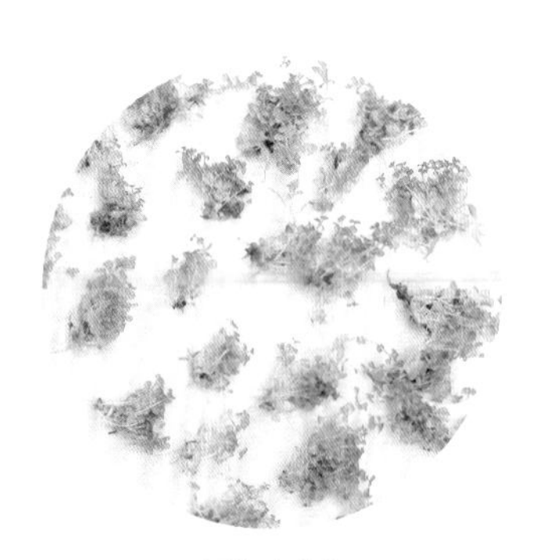

新大珍珠草
（1杯）

Step2 製作造景基底

1

水族箱鋪上黑土之後，再擺置漂流木與石頭。使用的黑土是「水族專用泥系列 亞馬遜黑土標準型（ADA）」，石頭是青龍石。

擺置漂流木與石頭

2

從側面看到的黑土坡

水族箱裡的黑土要後高前低，略帶坡度。

3

一邊留意整體均衡，一邊將漂流木配置在水族箱的左右兩側。排放在漂流木下方的石頭要密度適中。

尚未完成造景的頂面景

4

安裝設備

將過濾器及加溫棒等設備安裝在水族箱上。

5

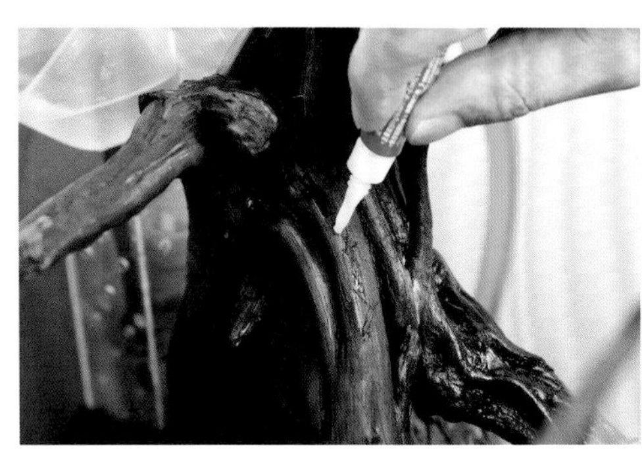

用水草膠將爪哇莫絲隨處黏在漂流木上。

6

爪哇莫絲整個攀附在漂流木上的樣子。只要一邊留意整體均衡，一邊決定爪哇莫絲的位置，就能營造出更加自然的氣氛。

Step2 製作造景基底

讓水草攀附在漂流木上

7

讓黑木蕨攀附在漂流木上。

8

讓珍珠三角莫絲攀附在漂流木上。

9

讓三叉鐵皇冠攀附在漂流木上。

10

讓卡特琳娜辣椒榕攀附在漂流木上。

讓水草攀附在漂流木上
讓水草攀附在漂流木上
讓水草攀附在漂流木上

這是水族造景專用的膠狀黏著劑（伊士達ISTA水草專用膠），遇水會凝固，能讓水草在水族箱內順利攀附生長。

Point

準備水族專用的黏著劑

在讓莫絲與水草攀附在漂流木及石頭上，或者是讓漂流木黏著在一起時，建議大家使用水族專用的黏著劑（水草膠）。有凝膠狀及液狀可選擇。

11

將黑木蕨、珍珠三角莫絲、三叉鐵皇冠及卡特琳娜辣椒榕攀附在漂流木上的樣子。在決定黏著的位置時，除了觀看整體的均衡感，還要挑選光線充足的地方，盡量避開漂流木的陰影處。

進行到一半的造景

12

將水注入水族箱中，以便栽植水草。記得先鋪層海棉布當緩衝材，以免倒水時破壞造景。

將水注入水族箱裡

13

水倒至七、八分滿，以便栽植水草。

將水注入水族箱裡

Step3 栽植水草

1

使用鑷子的話，就可以將水草栽植於石縫之類的小地方。

栽植水草

2

栽植露茜椒草。這種水草就算位在石頭或漂流木的陰影處照樣能夠成長。

栽植水草

3

大膽用上色調較為樸素的水草時，反而可以將周圍色彩較為明亮的水草襯托出來。

栽植水草

4

水族箱兩側的空間栽植日本簀藻之類的水草。

栽植水草

5

水族箱前方栽植越南古芝穀精當作點綴的重點。

栽植水草

Point

享受水草生長樂趣

水草日日都在生長，造景給人的影響也會隨之改變。所以當我們在造景時，在水草的配置以及栽植的數量上，也要斟酌生長情況再來決定。

所有水草栽植完畢的樣子。等到水草生長之後，造景就算大功告成。魚則是要再過兩週，等待水質安定之後，再分數次放養在水族箱裡。

只要妥善管理水質及保養，讓水草順利生長，三個月後的情況就會和照片中的水族箱一樣。水景的自然氣氛會隨著水草的成長日益明顯。

LAYOUT 9

水族造景全景

90cm
的水族箱

一起設置90cm的水草缸吧

充分利用
規模感而展現的
豐富自然

使用的設備

■CO2：大型CO2鋼瓶
■過濾器：德國Eheim伊罕經典2215、2217（外置圓桶過濾器，共兩個）
■殺菌燈：Turbo Twist Z36W（日本神畑Kamihata）
■照明設備：GEX高亮度LED燈Clear LED POWER Ⅲ 900×2、高亮度LED燈 Clear LED POWER X 900×2（共4支）
■加溫棒：EV自動調溫器300-RD、Micro Safe Power Heater CVL 150×2（日本Everes）

■水族箱：長 90.0 × 寬 45.0 × 高 50.0cm
■水草：矮珍珠、越南古芝穀精、寬葉太陽、綠松尾、小紅莓、袖珍小榕、百葉草、日本簣藻、澳洲天胡荽（三裂天胡荽）、白頭天胡荽、針葉小百葉、印度小圓葉、異葉水蓑衣、綴邊椒草、棕波浪椒草、黑木蕨、雲端（越南紫紅宮廷）、鋸齒黝柳、窄葉鐵皇冠、日本珍珠草
■水溫：26℃
■pH：6.0
■生物：紅蓮燈、鼠魚等各種魚類
■底砂：日本ADA水族專用泥系列 亞馬遜黑土標準型（Aqua Soil Amazonia Normal Type，ADA）、白金黑土（JUN）、日本ADA PSS基肥砂加強型（Power Sand Advance）

90cm的水草缸雖然費時耗力 卻能讓人盡享水族造景的醍醐味

不用說，90cm水草缸的魅力，莫過於規模龐大的視覺感。彷彿直接將部分自然景觀擷取並放進水族箱裡的魄力，是小型水族箱難以體會的氣勢。這麼大的水族箱不管是造景開缸，都需要花費不少精力與時間，這是不可否認的事實，但是只要先讓水質穩定下來，使其不易發生變化，這樣不管是對水草還是對生物，都會是一個適合生活的最佳環境。只要水草色彩鮮亮翠綠，紅蓮燈的體色就會顯得格外豔麗，兩者之間所帶來的相乘效果將會讓人樂不思蜀。總而言之，這是一個令人蠢蠢欲動，想要挑戰的造景尺寸。

Step1 製作水族箱地基

1 倒入白金黑土（約8L）。

倒入底砂

2 撒上底砂專用的肥料。這裡使用的是ADA百菌球（Bacter Ball）及ADA強化追肥棒（BOTTOM PLUS）。

添加肥料

3 倒入日本ADA基肥砂加強型（約2.5L）。

倒入底砂

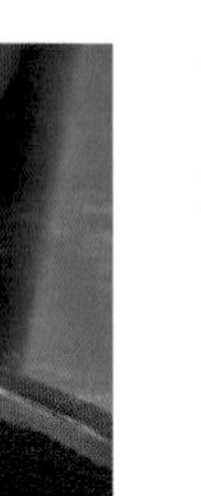

4 日本ADA基肥砂加強型（約2.5L）撒在前方即可，不需整個撒滿。

倒入底砂

5 最後再倒入水族專用泥系列 亞馬遜黑土標準型（約18L）。

倒入底砂

6 左右兩側後方的底砂要稍高。

讓底砂略有高低起伏

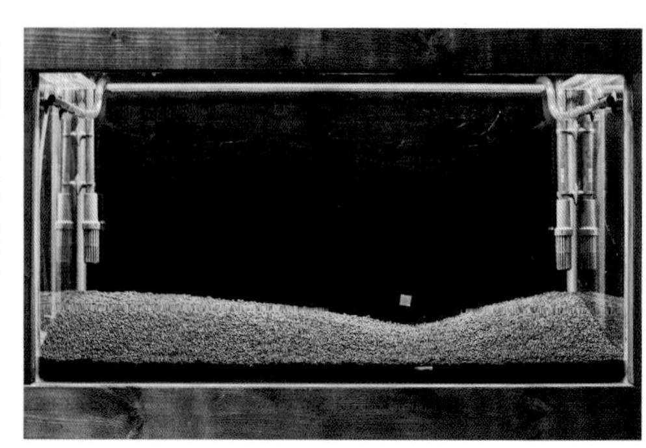

7

漂流木與石頭在配置時要注意整體協調。最大的漂流木配置在水族箱後方是重點。使用的石頭是青龍石。

擺置漂流木與石頭造景

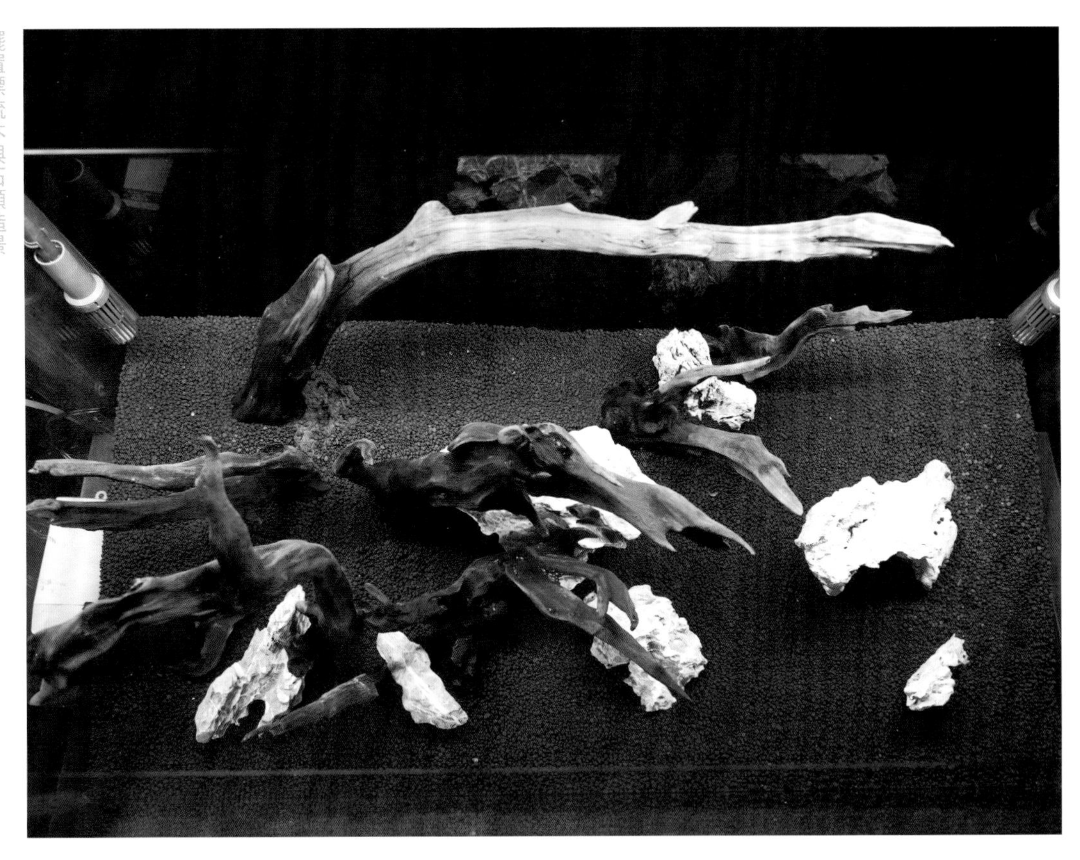

8

水族箱的正面景。漂流木不要四處分散，盡量擺在左側，讓整體看起來更加協調。

擺置漂流木與石頭造景

9

架設加溫棒、空氣幫浦與過濾器等設備。

安裝設備

Step2 栽植水草

1

思考水草的配置

一邊確認基底造景，一邊想像水草的種植位置。

2

栽植水草

用水草膠將窄葉鐵皇冠黏著在漂流木的前段附近。

3

進行到一半的造景

窄葉鐵皇冠攀附在漂流木上的樣子。

4

用水草膠將窄葉鐵皇冠與黑木蕨黏著在漂流木的枝幹上，使其能夠攀附生長。

栽植水草

5

窄葉鐵皇冠與黑木蕨攀附在漂流木上的樣子。

進行到一半的造景

6

窄葉鐵皇冠與黑木蕨攀附在漂流木上的樣子。接下來要將水注入水族箱中，以便把水草栽植在底砂裡。

水族箱擺設到一半的頂面景

Step2 栽植水草

7

水族箱後方栽植綠松尾等較高的水草，前方栽植雲端之類的水草。

栽植水草

8

密集栽植水草時要呈之字型，盡量不要直線排列。

栽植水草

9

石頭附近也要栽植， 這樣水草在成長時才能融入石景之中。

栽植水草

10

水草前方栽植矮珍珠之類的矮水草，讓前景宛如一片翠綠地毯。

栽植水草

11

觀察整體造景是否均衡，不足的地方補上水草。

栽植水草

12

栽植的重點在於保持距離，好讓所有水草都能照到光線。

栽植水草

水族箱底櫃可以用來收納過濾器、CO2鋼瓶，或者是其他電源類設備。

Point

大型水族箱一定要安置在魚缸櫃上

60cm及90cm等尺寸較大的水族箱，一定要安置在專用的魚缸櫃上，並將過濾器等設備收納在底櫃中，讓整體看起來更加清爽不雜沓。

13

水草種好之後先讓水族箱內的水循環，待水質穩定再放養魚類。90cm等大型水族箱的水質需要一段時間才會穩定下來， 因此種好水草後先等待三個禮拜至一個月，接著再分數次放養魚類。

Step3 水草四個月後的成長模樣

只要妥善管理水質及保養，讓水草順利生長，四個月後水族箱就會和照片一樣綠意盎然。造景並不是栽植水草，放養生物就算完成，必須等到水草茂密生長才算大功告成。

PART 4

樂趣更勝一籌的
水族造景

AQUARIUM

LAYOUT 10

水族造景全景

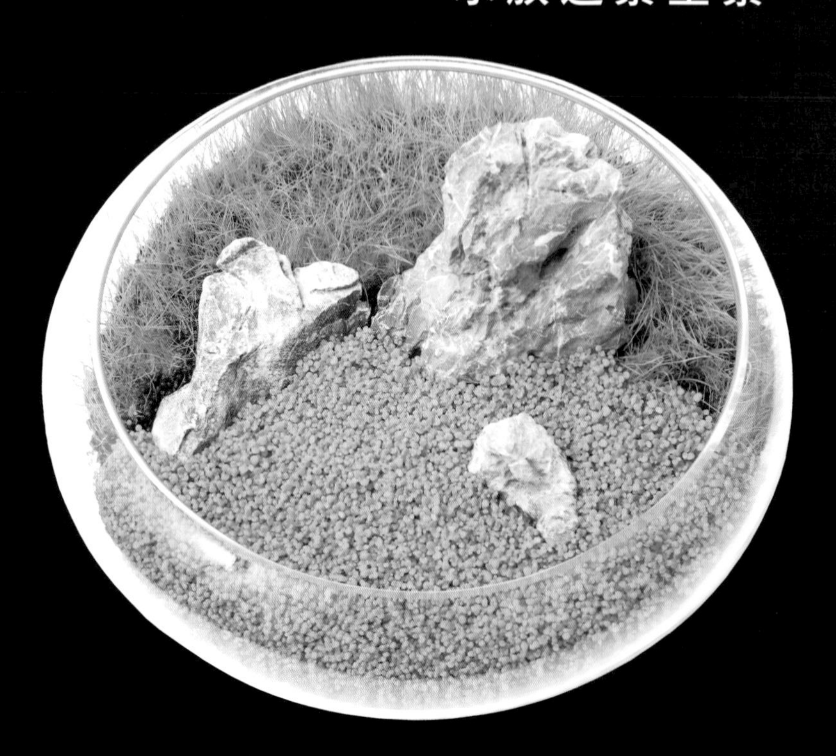

■水族箱：直徑 30.0× 高 10.0cm
■水草：牛毛氈（小莎草）、迷你矮珍珠（日本珍珠草）
■底砂：日本Master Soil Next黑土（JUN）

從栽培水草開始吧

從播種
享受水草
栽培樂趣

從播種開始享受水草栽培樂趣的新方式

當我們在栽植水草時， 通常都會從水族專賣店購買已經長大的水草。 其實水族專賣店也有販售水草種子， 所以我們不妨試著從播種開始栽培吧。

水草播種並不難。只要容器鋪滿黑土，將種子撒在上面就可以了，重點在於種子要撒滿整片黑土。種子若是有好幾種，播種範圍就要妥善劃分。而播種後期待發芽的雀躍心情，也是享受水草魅力的方式之一。

使用的圓缸

直徑30cm、
高10cm的玻璃容器

既然是要在黑土裡播種，挑選的容器開口就要大一點。另外，我們建議大家選擇矮一點的容器，這樣播種才會更方便。

Step1 製作造景地基

1

準備黑土

這裡使用的是日本Master Soil Next黑土。這種土添加了水草生長所需的養分，是一種專門用來栽培水草的營養土壤。

2

將黑土倒入容器中

黑土倒入容器中，厚度約2～3cm。倒好之後再將表面整平。

3

配置石頭

一邊考量整體均衡，一邊配置石頭。這裡使用的是色調偏青、帶有白色紋路的灰色龍王石。

4

完成造景基底

三塊龍王石均勻配置之後，將其埋入黑土中固定。

5

黑土表面沾濕

用噴霧器將水噴在黑土表面上，高度剛好蓋住黑土。

Point

可以營造出更加自然的氣氛

水草的種子通常也能在水族造景中派上用場，而且展現的氣氛還比直接栽植水草還要來的自然迷人。不過水族箱要等到水草生長至某個程度之後再注水。

Step2 播撒水草種子

1

準備水草種子

這次我們要栽種兩種水草。一種是宛如草皮般筆直伸展的牛毛氈。

2

準備水草

另一種是能宛如地毯般茂密生長、以嬌小葉片為特徵的迷你矮珍珠。

3

將水注入容器中

在容器裡注入適量的水。記得先鋪層海棉布當緩衝材，以免倒水時破壞黑土。

4

容器已經倒好水的樣子

已經倒好水的樣子。但要注意的是水不能倒太多，否則播種時種子會浮在水面上。

5

播種

先將牛毛氈的種子撒在黑土上。用湯匙的話會比較好播種。

6

播種範圍

後方已經撒滿牛毛氈種子的樣子。剩下的地方撒上迷你矮珍珠的種子。

7

播種完畢

前方已經撒滿迷你矮珍珠種子的樣子。這樣播種工作就算告一段落。

8

蓋上保鮮膜

接著將保鮮膜蓋在容器上，並放置在光線充足的地方，等待發芽。

9

兩週之後的樣子

播種之後過兩週，圓缸裡的水草狀態如下圖，成長的牛毛氈與迷你矮珍珠整個蓋住黑土表面。播撒的位置與種子不同，整個造景也會跟著改變，因此一邊想像水草生長後的姿態一邊播種，也不失為是一種樂趣。

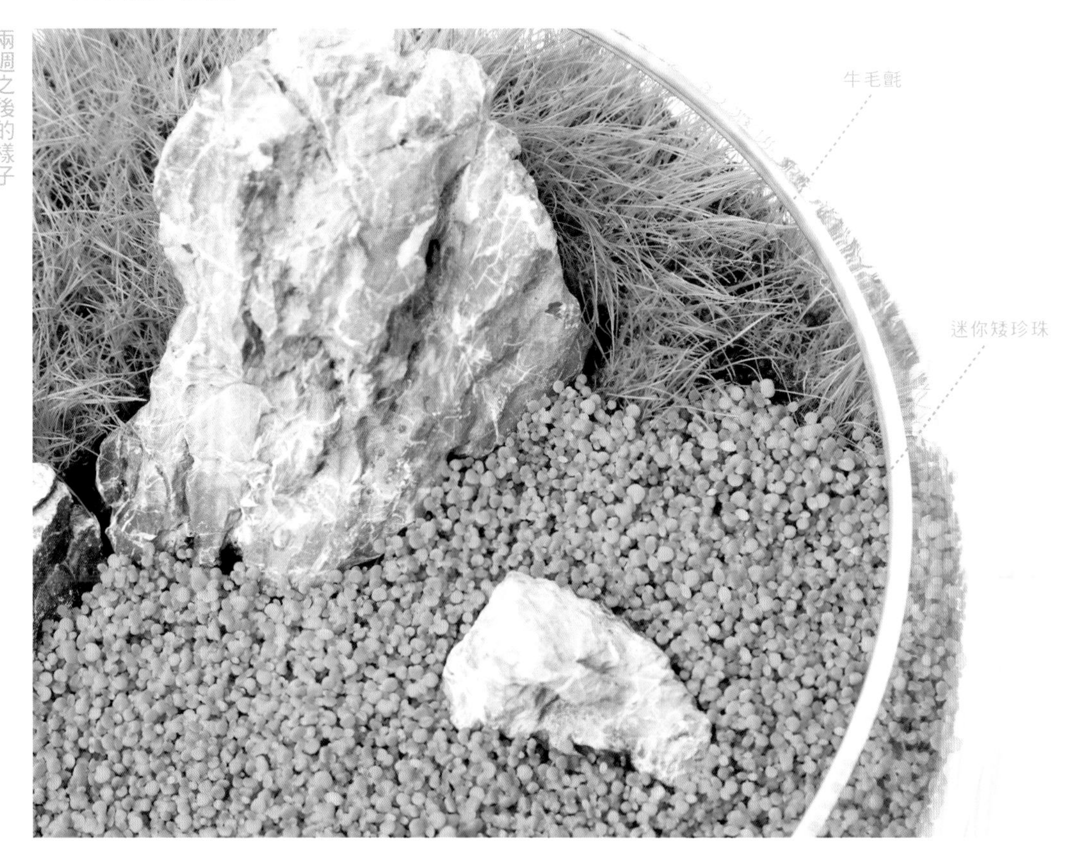

LAYOUT 11

水族造景全景

20cm
的水族箱

■水族箱：長 20.0× 寬 20.0× 高 24.0cm ■水草：爪哇莫絲、新大珍珠草、鏡鈸花 ■水溫：23℃ ■pH：6.8 ■底砂：溶岩石、黑金砂（Phantom Black，日本SUDO）

一起設置水陸缸吧

苔蘚
孕育的
小小自然

就算是水面上的水草，也能成為水族造景的一份子

微景觀瓶（terrarium）是在玻璃容器中飼養植物的生態瓶，是一種能在容器中重現自然景觀、經典又熱門的水族型態。而這一節我們要為大家介紹如何利用水草重現濕地的水陸缸。

完全不需注水的水陸缸在造景時有個重點，那就是要善用過濾器出水口與爪哇莫絲的毛細現象，以便為水面上的水草補水。因此我們在這裡使用了漂流木與爪哇莫絲，試著在水族箱內自然重現苔蘚微景觀。

使用的設備

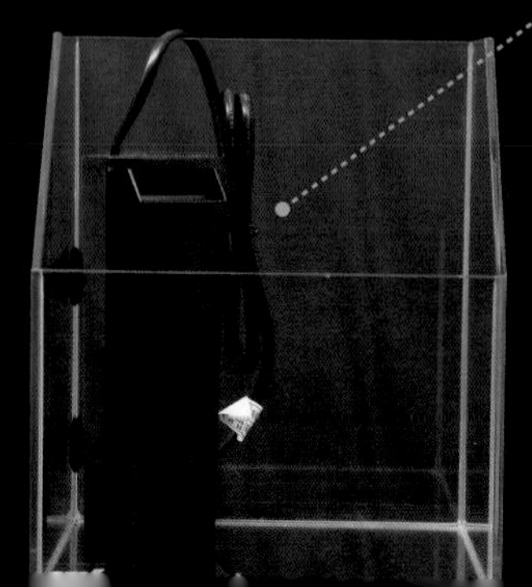

Glassterior Aqua Terra 200 Cube H Set

這款附上靜音過濾器的水族箱非常適合用來欣賞微景觀，只要再另外添購照明燈就可以了。

Step1 組裝景象

1 安裝過濾器

用陶瓷環替代卡式過濾器的好處，就是濾水效果會比卡式過濾器還要來得持久。

2 準備漂流木

準備較長的漂流木，以便配合水族箱的形狀往上堆疊。

3 試組漂流木

接下來試組漂流木，決定造景設計。先將漂流木配置在前方，以遮住過濾器。接著再依照由下往上、由後往前的順序試組漂流木。

4 試組漂流木

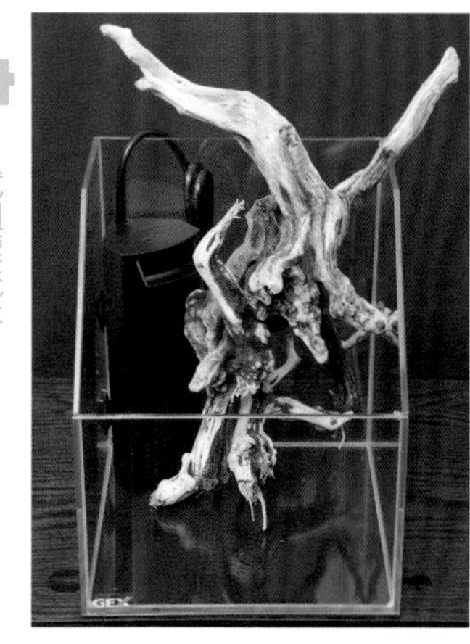

繼續將漂流木堆砌在第一塊漂流木上，將高度展現出來。

5

繼續追加漂流木，以便遮蔽過濾器。

6

前方追加漂流木，完成試組。確認呈現的景象以及黏合的地方之後，再將漂流木黏著起來。

Step2 製作造景地基

1

黏著漂流木

先用橡皮筋將試組好的漂流木綑綁起來，接著再用水草膠黏著。

2

完成漂流木配件

漂流木完成黏著的樣子。不過全都黏在一塊的話，保養上會較不容易，故建議大家分塊黏著。

3

擺放漂流木配件

分塊的漂流木配件放回水陸缸中，重現試組時的景象。

4

準備石頭

要準備顆粒粗一點的熔岩（尺寸為S），好讓過濾器能正常發揮功能。

5

準備砂粒

準備好用來鋪在水族箱前方的砂粒（黑金砂Phantom Black）。

6

放入石頭

熔岩放在水族箱後方。

7 倒入砂粒

將砂粒倒在水族箱前方。盡量用湯匙慢慢倒進去，以免破壞造景。

8 完成擺置的石頭與砂粒

靠近過濾器後方的是熔岩，前方是砂粒的樣子。

9 準備水草

準備好要攀附生長在漂流木上的爪哇莫絲。

10 準備水草

準備要放在爪哇莫絲上、讓整個造景更加吸睛的新大珍珠草。

11 準備植物

最後一個收尾的，是非水草類的鏡鈸花（別名常春藤葉柳穿魚）。

Point
還要準備LED燈

水陸缸一定要搭配LED燈，以補足水草生長時所需的光線。另外，當水草及植物照在LED燈下時，刻意強調的造景陰影還能營造氣氛。

Step3 漂流木與水草正式造景

1

水族箱注水之後，將爪哇莫絲放在漂流木的表面上。盡量擺在能夠照到光線的地方。

2 進行到一半的造景

爪哇莫絲攀附在漂流木的表面，但有幾處刻意將漂流木裸露出來的樣子。造景的重點，在於讓爪哇莫絲延伸至過濾器的出水口，以便利用毛細現象讓整個水草缸補水。

3 將水草放在爪哇莫絲上

新大珍珠草放在爪哇莫絲上。

4 進行到一半的造景

新大珍珠草放在爪哇莫絲上的樣子。

5 造景收尾

爪哇莫絲安置好之後，接著栽植鏡鈸花。

6 完成造景

用來點綴的鏡鈸花栽植之後，整個造景就算大功告成。

PART 5

水族造景樂趣
水草&生物圖鑑

AQUARIUM

AQUARIUM PLANTS

1

四輪水蘊草

照光量：★★☆　CO_2：★☆☆

葉片透明、搖曳悠遊的水草，屬金魚藻，直接漂浮在水面上也能生長。會吸收水中大量養分，可用來抵擋苔蘚滋生。

2

硬幣榕（圓葉榕）

照光量：★★☆　CO_2：★☆☆

硬幣大小的圓形葉片相當討喜。外型略為高大，造景時可擺置在中景至後景的某一處。

3

黃金小榕

照光量：★☆☆　CO_2：★☆☆

4

小榕

照光量：★☆☆　CO_2：★☆☆

7

皇冠草

照光量：★★☆　CO_2：★☆☆

長久為人熟悉、深受大眾喜愛的水草，碩大葉片舒展開來的姿態更是百看不厭。根部發達，不適合移植。

8

紅柳

照光量：★★☆　CO_2：★★☆

大型紅色系水草，就算枝葉少，依舊無損其豔麗姿態，為水族箱增添了幾分亮麗色彩。若能在弱酸性水質以及強光之下成長的話，顏色會變的更加鮮豔紅潤。

9

血心蘭

照光量：★★☆　CO_2：★☆☆

葉緣帶有皺摺的紅色系葉片，是長久以來人們熟悉的水草品種。即使沒有CO2，照樣能茁壯成長。生長速度稍慢，不過色澤鮮豔，造景時適合當作中景重點。

10

珍珠三角莫絲

照光量：★★☆　CO_2：★☆☆

姿態低垂的典型苔蘚類水草，通常會攀附在石頭或漂流木上生長，能讓具有高低差的造景展現出優雅景觀，值得推薦。

11

異葉水蓑衣（水羅蘭）

照光量：★★☆　CO_2：★☆☆

以深裂狀葉片為特徵，而且叢生茂密，只要少數幾枝就能展現出磅礡氣息，為景觀豐增添幾分變化，培育上更是簡單。

12

爪哇莫絲

照光量：★☆☆　CO_2：★☆☆

需要的照光量不多，即使沒有CO2也能成長，是水族新手以及行家心目中的經典水生苔蘚。

AQUARIUM PLANTS

13

虎耳

照光量：★★☆　CO_2：★☆☆

小巧渾圓的葉片相當討喜。環境若佳，葉片就會從黃綠色變成褐色。因為是直立生長，栽植一整排的話，呈現的景致會相當壯觀。

14

美國鳳尾蘚（鳳凰莫絲）

照光量：★☆☆　CO_2：★☆☆

美國鳳尾蘚是一種葉片宛如深綠色羽毛的美麗莫絲。可惜攀附力差，建議使用不會融解的捆綁線將其纏繞在物體上。

15

香菇草

照光量：★★☆　CO_2：★★☆

16

阿帕特皇冠草（離開皇冠草）

照光量：★★☆　CO_2：★☆☆

19

加百利皇冠草

照光量：★★☆　CO_2：★☆☆

葉片偏寬的小型皇冠草。當作中景草布置在大型水族箱中能讓造景的表情更加生動。可施撒底砂肥料，以助其生長。

20

針葉皇冠草

照光量：★★☆　CO_2：★★☆

針葉皇冠草在栽植時若能混搭其他適合擺在前景的水草，營造的水族景觀氣氛就會更加自然。照光量若多，葉片就會略帶紅色。

21

大熊皇冠草（大熊象耳）

照光量：★★☆　CO_2：★☆☆

外型偏大的紅色系皇冠草。水中草的葉片呈橢圓形，橙紅的色彩相當搶眼。扎根力強，不喜移植。

22

深紫皇冠草

照光量：★★☆　CO_2：★☆☆

以獨特的斑點為特徵的圓葉類皇冠草，當作造景重點頗具效果。紅色嫩芽成長之後會變成綠色。培育上並不難。

23

紅火焰皇冠草

照光量：★★☆　CO_2：★☆☆

紅褐色的葉片上布滿葉斑的澤瀉科水草。為培育方式較為簡單的種類，容易大型化，造景時適合當作中景草。

24

玫瑰皇冠草

照光量：★★☆　CO_2：★☆☆

從中心冒出的嫩芽呈紅色，宛如含苞待放的玫瑰，葉柄會整個伸展開來。外型偏大，容易培育。

AQUARIUM PLANTS

25

綠豹紋皇冠草

照光量：★★☆　CO_2：★☆☆

株高約40～50cm，屬大型水草。橢圓形葉片上有褐色斑點，以碩大的葉姿為特徵。施撒底砂肥料能夠有效助其生長。

26

小熊皇冠草

照光量：★★☆　CO_2：★☆☆

植株偏小、紅色嫩芽能為水族箱增添幾分色彩的皇冠草。培育上非常簡單，只要施撒底砂肥料，葉色就會更加紅豔。

27

邪惡之眼

照光量：★★☆　CO_2：★☆☆

28

薄荷草

照光量：★★☆　CO_2：★☆☆

31

宓大屋溫蒂椒草

照光量：★★☆　CO_2：★☆☆

葉片充滿了透明感，橄欖綠的色調帶著些許褐色的水草。只要生長環境好，就會日益茁壯，有時葉長甚至可達30cm。

32

緋紅安杜椒草

照光量：★★☆　CO_2：★☆☆

略呈波浪狀的葉緣色彩居於紅色至棕褐色之間。只要一扎根，葉片就會舒展開來。以生命力強、易培育為特徵。

33

丹麥紅溫蒂

照光量：★★☆　CO_2：★☆☆

丹麥紅溫蒂以寬葉幅、凹凸起伏的皺邊葉片為特徵，表面的葉脈也會帶有紋路。造景時可當作中景草，以欣賞其獨樹一格的美妙姿態。

34

露蒂椒草

照光量：★★☆　CO_2：★☆☆

植株略大，株高約10～25cm。不喜ph值低的水質，在環境的影響之下，葉色有時會呈深褐色至綠色。造景時適合埋在縫隙之間。

35

細葉水蘊草

照光量：★★☆　CO_2：★☆☆

擁有捲曲細葉及透明翠綠色彩的美麗莫絲。這種水草生長速度稍快，就算只是浮在水面上也能成長。在水族箱內應能展演出搖曳動人的迷人姿態。

36

椰殼小榕

照光量：★☆☆　CO_2：★☆☆

生命力強的小榕因為是攀附在椰殼上生長，就算沒有鋪設底砂，照樣可以用來造景，而且還非常適合當作魚兒的藏身處。

AQUARIUM PLANTS

37

扭蘭

照光量：★★☆　CO_2：★☆☆

扭蘭以螺旋狀的捲曲葉片為特徵，是日本原產水草。適合當作中景的造景重點，或者是栽植於後景。

38

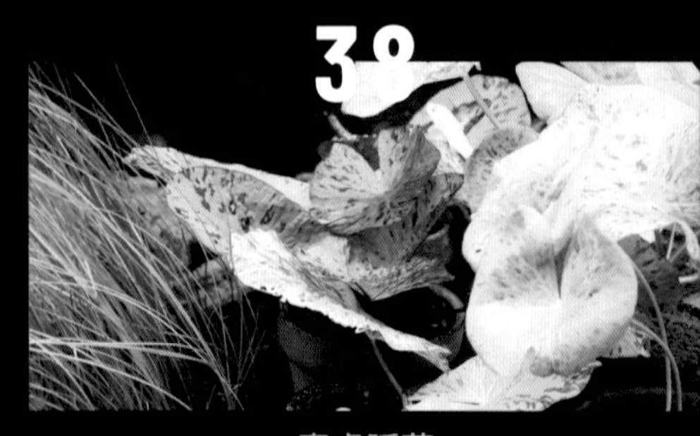

青虎睡蓮

照光量：★★☆　CO_2：★★☆

綠色葉片上帶有紅褐色斑點的睡蓮科水草。浮葉多，能為水族景觀增添幾分生動表情，同時賞花。可施撒底砂肥料，以助其生長。

39

紅虎睡蓮

照光量：★★☆　CO_2：★★☆

屬於大型睡蓮的水草，以紅色葉片為特徵。造景時可善用其浮葉，栽植於後景。適合用黑土培育。

40

小柳

照光量：★★☆　CO_2：★☆☆

與青葉草同類，植株碩大，葉片修長，而且會整個舒展開來，只要栽植數株，就能充分顯現分量。

41

迷你鹿角苔（侏儒鹿角苔）

照光量：★★☆　CO_2：★★☆

葉片比鹿角苔還要玲瓏的水草，生長速度也比一般種來得緩慢。圓滾蓬鬆的外型相當討喜，能夠展演出緻密的綠毯景觀。

42

小紅莓

照光量：★★★　CO_2：★★★

以細長如針的紅色葉片為特徵的水草。建議栽植於黑土之中，添加CO2，並且在強光下培育。

43

紅絲青葉

照光量：★★☆　CO_2：★☆☆

姿態宛如野草惹人憐愛的經典水草。有助於穩定水質，而且生長快速，栽植於中景至後景時效果相當不錯。

44

豹紋青葉

照光量：★★☆　CO_2：★☆☆

豹紋青葉那繽紛搶眼的粉紅葉片與白色葉脈可讓造景氣氛更加華麗。只要照明足夠，就可以讓色調更加鮮豔，五彩斑斕。

45

寬葉迷你澤瀉蘭（派斯小水蘭、矮慈姑）

照光量：★★☆　CO_2：★☆☆

在即便所處的環境缺乏CO2，照樣能夠培育生長的所有水草當中，寬葉迷你澤瀉蘭相當適合作為前景草栽植。能利用走莖繁衍子株，故建議多加施肥。

46

珊瑚莫絲

照光量：★☆☆　CO_2：★★☆

擁有充滿透明感、葉幅較寬的硬葉。葉色濃淡會隨著環境而略有變化。成長速度雖慢，但容易栽植。不過苔蘚容易攀附，要多留意。

47

越南三角葉

照光量：★★☆　CO_2：★★☆

匍匐生長，能夠形成一片茂密草叢，但是肥料必須充足，這一點要多加留意。適合栽植於前景～中景。

48

印度大松尾

照光量：★★☆　CO_2：★★☆

輪生的針形葉鮮綠青翠。不過生長速度緩慢，培育時需要強光，還要輸入CO2。適合當作中景草。

AQUARIUM PLANTS

49

蓋義蝦藻（蝦柳）

照光量：★★☆　CO_2：★★☆

蓋義蝦藻互生的線形葉片顏色會從綠變成褐。外觀雖然纖細，不過生命力稍強，培育也相當簡單，適合栽植在兩側或後景。

50

毬藻

照光量：★☆☆　CO_2：★☆☆

球狀藻類。一年只成長約10mm，速度相當緩慢，而且不耐高溫，故在水溫管理上要多加留意。嬌小可愛的外型，適合擺置在前景。

51

大變葉鐵皇冠

照光量：★★☆　CO_2：★☆☆

非常容易大型化的鐵皇冠，若是配置在後景，茂密的葉片可讓水族景觀更加自然。以尖銳突出的葉緣為特徵。

52

箭葉鐵皇冠

照光量：★☆☆　CO_2：★☆☆

顧名思義，這是一種葉幅狹長如劍（箭）、以細長葉身為特徵的水草。培育方法與普通的鐵皇冠一樣簡單，不過生長速度稍慢。

53

鐵皇冠

照光量：★☆☆　CO_2：☆☆☆

耐低水溫、低照光量，能應對各式各樣的水質，易栽植，是星蕨屬的基本品種，具有攀附在漂流木及石頭上附生的性質。

54

鐵皇冠攀附的漂流木

照光量：★☆☆　CO_2：★☆☆

鐵皇冠攀附在漂流木上之後只要擺在水族箱裡，就能夠輕鬆完成造景。這種水草葉片大，適合放置在中景或後景。

55

青蔓綠絨
照光量：★★☆　CO_2：★★☆

水陸皆可的蔓藤植物，不過水中葉比水上葉小型。栽植時要多留意，免得苔蘚攀附。

56

中柳
照光量：★☆☆　CO_2：★☆☆

擁有寬大美麗的葉片，為青葉草同類。會越長越大，建議栽植在後景。

57

馬達加斯加蜈蚣草（馬達加斯加草）
照光量：★★☆　CO_2：★★☆

晶瑩剔透的翠綠色彩與層層重疊的針狀葉片展現出優美的纖細姿態。生長速度快，耐修剪，造景時相當實用。

58

魯賓皇冠草
照光量：★★☆　CO_2：★☆☆

葉邊略帶波浪、葉色偏紅的美麗水草。培育並不困難，但若長期沒有移植，整個植株就會大型化。

59

超紅水丁香
照光量：★★☆　CO_2：★★☆

擁有深邃朱紅色葉片的水草。不僅可為水中景觀增添幾分色彩，生長緩慢不易大型化的特色，讓超紅水丁香在造景時更加得心應手，容易成為焦點。

60

侘草 芭蕉草 MIX
照光量：★★☆　CO_2：★☆☆

以芭蕉草為中心的侘草（註：覆蓋水草的球體或草球）。培育方式簡單，造景時放置即可，就算是水族新手也能得心應手，妥善利用。

AQUARIUM FISH

1

金背黃金米蝦（黃金米蝦）

全長：約3cm

金背黃金米蝦的身上彷彿披了一層黃金，亮麗的體色相當吸睛。可在水族箱內繁殖，讓人對於蝦子繁盛殷殷期盼。

2

騎士鉛筆（管口鉛筆、尖嘴鉛筆、褐尾鉛筆）

全長：約5cm

擁有一張櫻桃小嘴、溫馴可愛的鉛筆魚。抬頭仰望的姿態讓人嘴角微揚，銀色的身體在水族箱內更是閃亮動人。

3

黑帝王燈

全長：約3cm

屬燈魚，以三叉形尾鰭為特徵。發情時藍色身體會變的更加鮮豔，雄魚清澈冷冽的藍眼睛更是亮麗。

4

古老品系扇尾孔雀（煙火）

全長：約6cm

古老品系扇尾孔雀那宛如洋裝的華麗尾鰭上可見馬賽克紋路。這種孔雀魚的扇尾之所以會如此碩大美麗，目的是為了繁衍後代，而且僅見於雄魚。

5

可卡燈（紅光燈魚、玻璃霓虹燈魚、玻璃燈）

全長：約4cm

可卡燈屬燈魚，有時亦以玻璃燈之名在市面上流通。觀賞的重點在於透明的魚體，以眼睛上方的紅線為其特徵。

6

香吉士米蝦

全長：約3cm

櫻桃蝦的改良品種。鮮豔飽滿的橘色身體讓人看了目不轉睛，有些甚至呈橘黃色。可在水族箱內繁殖。

7

橘琉璃蝦
全長：約3cm

色如柑橘、嬌美動人的琉璃蝦變色種。橘色與透明部分所形成的對比讓人看了目不轉睛。

8

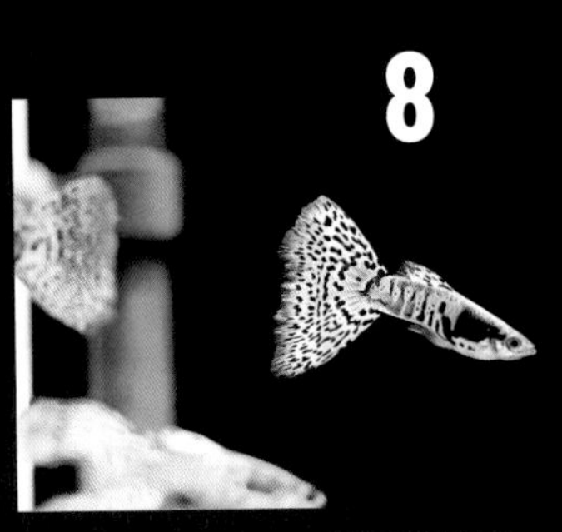

銀河藍草尾
全長：約5cm

以金屬般的光澤、斑點般的圖紋及宛如洋裝的優雅尾鰭為特徵的銀河藍草尾瑰麗典雅，是觀賞價值甚高的稀有品種。

9

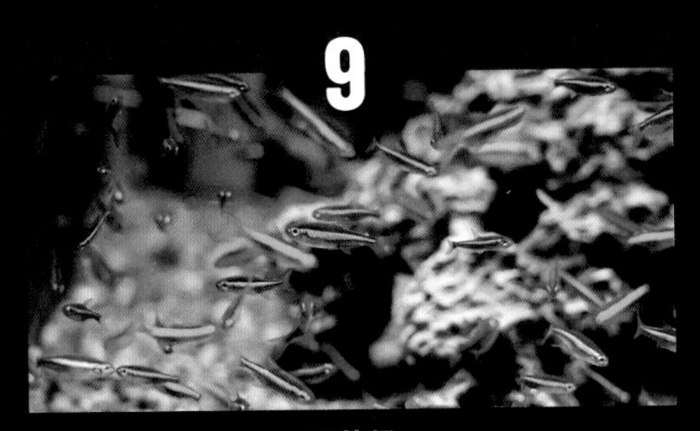

綠蓮燈
全長：約4cm

別名「縱帶霓虹燈」的綠蓮燈體色深受產地影響。圖片為下腹部到尾鰭偏紅色的哥倫比亞產。

10

紅燈管
全長：約3cm

與霓虹燈一樣長久以來一直是熱門魚種的紅燈管以橘紅色的線條為特徵。不僅生命力強，性情溫和，飼養上更是簡單，堪稱入門魚種。

11

紅蘋果美人（紅美人、紅蘋果）
全長：約15cm

紅蘋果美人長大成熟後體色會整個染紅，色澤相當美麗，以宛如茶匙的獨特體型及略為尖銳的魚嘴為特徵。

12

白雲山
全長：約4cm

擁有淡橘色彩、體型可愛的白雲山生命力強，在水族箱洄游時活力十足，只要長大成熟，也能在水族箱內繁殖。

13

皇冠紅頭鼠（娃娃鼠）

全長：約5cm

皇冠紅頭鼠擁有淡橘色的身體，與黑色眼線及背部粗線形成對比，是外型相當搶眼的鼠魚。飼育方法簡單，繁衍能力也相當強盛。

14

短吻金翅帝王鼠

全長：約6cm

短吻金翅帝王鼠為棘狀胸鰭及背鰭會渲染成一片黃褐色，但是身體卻是以美麗紅褐色為特徵的鼠魚。飼養上並不難，在水族箱內亦可繁殖。

15

花鼠魚（花椒鼠魚、花鼠）

全長：約5cm

16

黑線飛狐

全長：約10cm

19

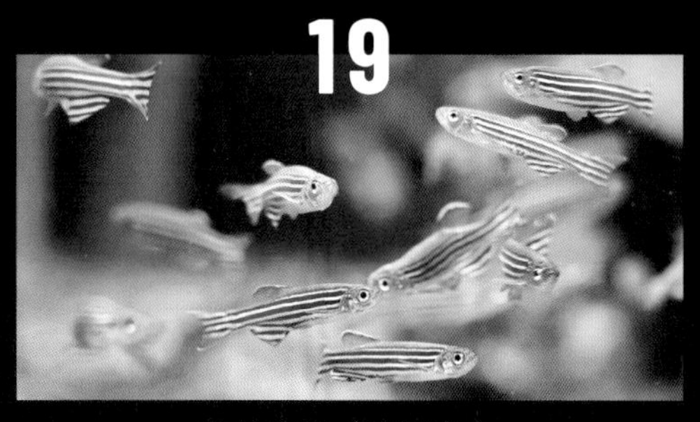

豹紋斑馬（斑馬魚）

全長：約4cm

豹紋斑馬的魚體以時尚的橫條紋為特徵，是長久為人所熟悉、以長壽自豪的熱門熱帶魚。生命力強易飼育，是值得推薦的入門魚種。

20

棋盤麗（棋盤短鯛）

全長：約7cm

棋盤麗屬於小型慈鯛，銀白色魚體上的黑色方塊圖紋彷彿棋盤。長大成熟後，尾鰭末端會變得細長。

21

櫻桃燈（紅玫瑰魚、櫻桃無鬚 ）

全長：約4cm

櫻桃燈大紅色的魚體正中央有條橫線，屬於生命力強的小型魚。體型細長苗條，嘴角長有鬍鬚。

22

巧克力飛船（巧克力麗麗）

全長：約5cm

褐色的魚體上有著白色條紋，外表看起來相當典雅的巧克力飛船個性膽小溫和，故不適合與生性活潑的魚種混養，可以的話儘量單獨飼育。

23

溫泉魚（淡紅墨頭魚）

全長：約10cm

人類只要將手腳伸進水中就會相繼前來啄食角質，因而一時引起話題的溫泉魚是清潔魚的一種，能耐較高的水溫。

24

星大胸斧魚

全長：約10cm

閃閃發亮的銀色胸斧魚。體型如其名，貌似斧頭。成群飼養的話看起來會相當壯觀。

25

黃金日光燈

全長：約4cm

黃金日光燈以色調偏黃的金黃體色及霓虹藍的水汪眼睛為特徵，與霓虹燈一樣生命力強。對水族新手來說，算是容易飼育的魚種。

26

霓虹燈（日光燈）

全長：約3cm

霓虹燈是熱門的基本款，堪稱熱帶魚的代名詞。在水族箱內群游的姿態優美，適合群體飼育。生命力強，生性溫和，同時也是適合混養的魚種。

27

電光美人

全長：約6cm

電光美人體色閃亮，藍中泛綠，紅色的鰭緣相當美麗，不管是飼育還是繁殖都不難。加上個性溫和，非常適合混養。

28

石美人（馬達加斯加彩虹）

全長：約8cm

魚體的後半部呈橘色，而且色澤相當亮麗的石美人是電光美人的代表，能夠為水族箱增添幾分色彩，屬於不挑食、生命力強的魚種。

29

藍帆變色龍（侏儒變色魚）

全長：約5cm

別名侏儒變色魚的藍帆變色龍體色會隨著周圍環境而改變，而且還是可以擊退小型螺貝的稱職殺手。喜歡食用紅蟲（赤蟲）之類的活魚餌。

30

迷你燈（金針）

全長：約4cm

別名黃日光燈的迷你燈擁有一個琥珀色的魚體，各部位的魚鰭末端呈白色，相當美麗。飼育方式非常簡單，而且個性溫和，適合混養。

31

楊貴妃鱂魚
全長：約4cm

掀起鱂魚飼養風潮的領銜者。只要好好飼養，體色就會愈顯紅潤。以紅色的腹部稜線及尾鰭上下端為特徵。

32

粉紅鑽石霓虹燈
全長：約3cm

閃亮的魚體後半部染上了豔麗的紅色，藍色的眼睛更是勾人魂魄，是生命力較強的霓虹燈改良品種。個性溫和，可與各種魚類混養。

33

噴火燈（愛蔓達燈、橘帆夢幻旗）
全長：約2.5cm

屬於體型嬌小、個性極為溫和的燈魚，以宛如火焰的橘紅色為特徵。只要細心照顧飼育，體色就會越鮮豔紅潤。

34

黑神仙魚
全長：約12cm

長久以來以屹立不搖的超人氣為傲的黑神仙魚，是熱帶魚的代表選手。可惜近來全黑的經典款已不多見。飼養得越久，體色就越黑亮。

35

紅蓮燈
全長：約4cm

外觀與同科的霓虹燈雷同，不過腹部有條紅線的紅蓮燈以華麗的色彩為特徵。飼育容易，亦適合混養。

36

黑豆黑旗（黑旗）
全長：約4cm

黑豆黑旗屬燈魚，亮如金屬的魚體所呈現的銀黑兩色格外吸睛。只要妥善照顧，長大之後外觀會更有魄力，更加賞心悅目。

AQUARIUM FISH

37

黑瑪麗（黑花鱂）

全長：約5cm

全身黑亮的鱂魚。映照在水族箱裡的是曲線優美的黝黑身軀。有時會食用藍綠藻及油膜。飼育不難，但要注意魚傳染病。

38

滿魚（米老鼠魚）

全長：約5cm

生命力強，適合新手飼育的鱂魚。魚尾圖紋似米老鼠，故名。只要雄雌魚同缸，就有機會繁衍後代。

39

三叉尾玻璃彩旗（三叉尾玻璃鰭、五彩鰭）

全長：約4cm

40

紅眼剪刀

全長：約5cm

43

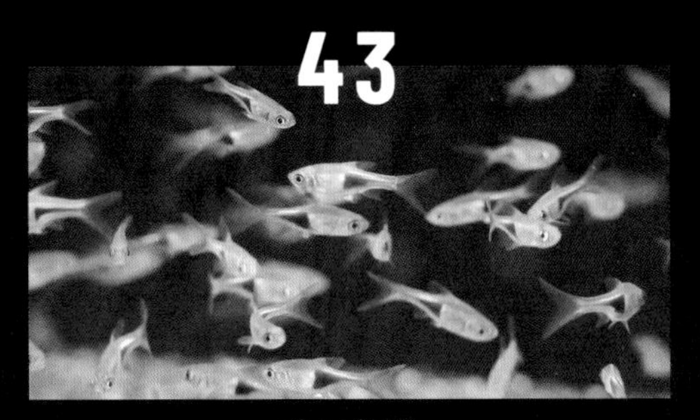

金三角燈
全長：約3.5cm

帶有亮橘體色、姿態相當優美的鯉魚。群游的姿態相當賞心悅目。飼育時水質最好是弱酸性的軟水，好讓其展現出亮麗色彩。

44

紅鼻剪刀
全長：約4cm

如同「紅鼻」這個名字所示，鼻尖紅通通的模樣相當討喜，加上生命力強，容易飼育，適合推薦給水族新手。

45

藍絲絨蝦
全長：約3cm

以宛如藍寶石的純青體色為特徵，彷彿一顆寶石在水中暢游。如此美麗的藍絲絨蝦屬於櫻桃蝦類，可在水族箱內繁殖。

46

黑琉璃蝦
全長：約3cm

以藍黑條紋圖案為特徵的櫻桃蝦改良品種。生命力強，對於水族新手來說相當容易飼育。重點在於讓水質保持弱酸性。

47

櫻桃蝦（玫瑰蝦、火焰蝦）
全長：約2.5cm

以吸睛的大紅體色展現出亮麗姿態的櫻桃蝦，若是成對飼養會不斷繁衍，讓人盡享養蝦樂趣。數量若是足夠，還能夠幫忙清除苔蘚呢。

48

紅白水晶蝦（紅色蜜蜂蝦）
全長：約2.5cm

源自日本、紅白條紋圖紋相當討喜的熱門蝦種。不過對水質變化相當敏感，因此對水這個步驟相當重要。

49

野生紅衣夢幻旗

全長：約4cm

在全身都染上一片紅的紅衣夢幻旗當中，顏色最為鮮豔的「野生種」來自哥倫比亞，容易飼育且生命力強，適合推薦給水族新手。

50

沙花鰍（琵琶湖鰍）

全長：約8cm

棲息在日本關東地區的河川、水道、池塘等地，條紋圖案相當美麗的淡水魚。屬於清潔魚，會食用水族箱裡的苔蘚，非常容易飼育。

51

紅白劍尾魚

全長：約8cm

劍尾魚的改良品種之一，紅白相間的對比圖紋相當美麗。帶有吉祥涵義的紅白體色，為其在亞洲地區博得不少人氣。

52

黑白水晶蝦（黑色蜜蜂蝦）

全長：約2.5cm

典雅的黑白兩色所呈現的鮮明體色相當別致，是蜜蜂蝦中的極品。建議以回交（backcross）方式與紅白水晶蝦繁衍後代。

53

超幹之稻田魚

全長：約4cm

背部及魚鰭閃閃發亮的鱂魚，為一般體型。背部若是有條光澤亮麗的藍色線條一直延伸到嘴邊的話，便稱為極光藍幹之。

Point

在同一水族箱內飼育數種魚類

在同一水族箱內要飼育數種魚類時，第一個要考慮的就是彼此之間的相容度。只要是個性溫和、體長相差不大的魚類，基本上混養應該都不成問題。當中最具代表性的，就是霓虹燈及紅蓮燈等脂鯉科的魚。

PART 6

水族造景的
訣竅與重點

AQUARIUM

POINT 1

不要忽略水族箱內的環境變化

天天觀察，餵食飼料

水若是因魚及水草的老舊汙垢而變髒 就要多加觀察水質，掌握換水時機

水族箱的水往往會因為每天餵食的飼料而日益汙濁，因為生物與水草所攝取的營養在經過消化之後，無法吸收的部分會排泄出來，之後再交由硝化菌來分解，但若分解不完，這些髒汙就會越堆越多。遇到這種情況，勢必要換水。換水的時機通常以每個月二至三次，每次換三分之一的水為標準。以60cm的水族箱為例，換水的頻率往往需隨飼育的生物數量來調整。因此當我們在測試水質時，不妨利用水族專用的水質測試紙，來檢測水族箱的水到底含有多少硝酸鹽。

1 檢查水草、魚類及設備的樣子

檢查 過濾器周圍的設備

水草缸的過濾器出水口非常容易囤積枯葉，像這一類的髒汙要勤於清除。此外，我們還要觀察生物是否有好好食用飼料，游泳時是否活力充足。

另外，水族箱內最怕故障的設備就是過濾器，所以我們絕對不可以忽略馬達及空氣幫浦快要故障的前兆。偶爾要檢查一下機器的聲音是不是和平常不一樣、運轉馬力是不是變差了。要勤於留意馬達的聲音，注意反常的變化，並且觀察水是不是開始變濁了，因為迅速察覺異常現象，並且妥善應對是非常重要的。

水若是一直偷懶不換，魚兒及水草排出的老舊髒汙就會囤積在水族箱裡。如此一來，會嚴重影響水質的亞硝酸濃度就會升高，水族箱內部及水草上也會布滿苔蘚。在這種情況之下，整個水族環境會讓生物及水草難以生活下去。

檢查水溫

管理水溫的必需品 設置水溫計

我們要記住一點，水族生物對於水溫是非常敏感的，只要稍有變化，就會立刻受到影響，有時還會因無法應付突如其來的水溫變化而身體不適。為了讓如此嬌弱的生物健康生長，管理水溫勢在必行。除了冷卻風扇及加溫棒，當我們在管理水溫時，更不能少了可以掌握溫度的水溫計。這些設備安裝之後，可別忘記勤於檢查水溫喔！

一年四季，水溫不變

在水溫容易下降的冬天要使用加溫棒，以免水溫過低。

而在水溫容易上升的夏天則是要使用冷卻風扇，以免水溫過高。

3 挑選適當的飼料餵魚

考量魚兒的嘴形及大小 來挑選飼料

飼料挑選在維持生物健康這方面非常重要。故在購買之前，我們要先了解水族飼料的種類與特徵。雖說是為了餵食而購買，但是每種生物的嘴巴形狀、大小、寬度以及構造都有所不同。因此當我們在選購時，一定要記住一點，那就是挑選一個適合該生物食用的飼料。

水族飼料大致可以分為三種，有活紅蟲之類的活餌、粉狀的人工飼料，以及冷凍紅蟲或冷凍漢堡等冷凍飼料。當中的人工飼料以及冷凍飼料都是經過一番研究才製成的，大家不妨試著餵餵看。

上、中層

習慣在上層游泳的魚要挑選會漂浮在水面上的飼料，中層魚的話則適合餵食顆粒狀飼料。

底層

鯰魚之類的底層魚最適合餵食發泡錠之類的飼料或薄片飼料。

方便的人工飼料

利用特殊製法將紅蟲乾糧化的飼料。在從活餌改為餵食人工飼料的過渡期可以派上用場。

發泡錠狀的飼料。有浮水性及沉水性等種類，適合餵食各式各樣的魚類。

POINT

2

定期保養❶

修剪水草

定期修剪，讓水族箱內的水草常保美姿

水草若是置之不理，就會不斷生長，長久下來就會破壞造景，導致其他水草找不到光線，故在維護上定期修剪是非常重要的。既然如此，接下來就讓我們先了解一下水草修剪的方法吧。

要準備的東西

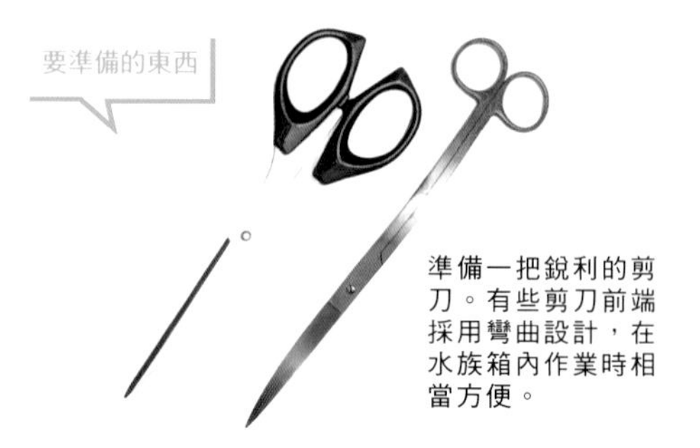

準備一把銳利的剪刀。有些剪刀前端採用彎曲設計，在水族箱內作業時相當方便。

1 調整後景草的長度

栽植於後景的有莖草，可以利用修剪莖桿的方式來調整長度。

2 修剪漂流木上的水草

攀附在漂流木上的莫絲或水草的多餘部分也要修剪。

3 讓前景草看起來更加清爽不雜沓

當作前景草栽種的無莖草類水草，嫩芽通常會長在正中央，因此要修剪的是外圍的老舊葉片。

Point

利用修剪來控制水草生長

與剛造景的時候相比，水草不僅長高，分量也變多了，因此我們一定要定期修剪，這樣水草才能維持在理想狀態之中。這種情況就好比我們人類修剪頭髮整理儀容， 水草也要透過修剪才能維持美觀。

4 用水管吸取水草

水草修剪好之後，剪下的葉片會漂浮在水族箱內。網子若是撈不起來，那就用水管吸取。

5 修剪完畢

修剪下來的葉片用水管吸取出來的樣子。換水時順便進行這個步驟會更有效率。

與剛完成造景的時候相比，可以看出水草長得相當高，而且非常茂密。

修剪之後多餘的水草整個清除，景觀變得相當清爽。

POINT 3

定期保養❷

淨缸與換水

淨缸及換水是維護水族造景的基本工作 所以要養成定期維護的習慣

水族箱內出現大量苔蘚的情況通常會發生在水質不太穩定的設置初期。尤其是用黑土當底砂時，營養的黑土往往會讓苔蘚滋生。這種情況要靠淨缸還有換水來處理。

要準備的東西

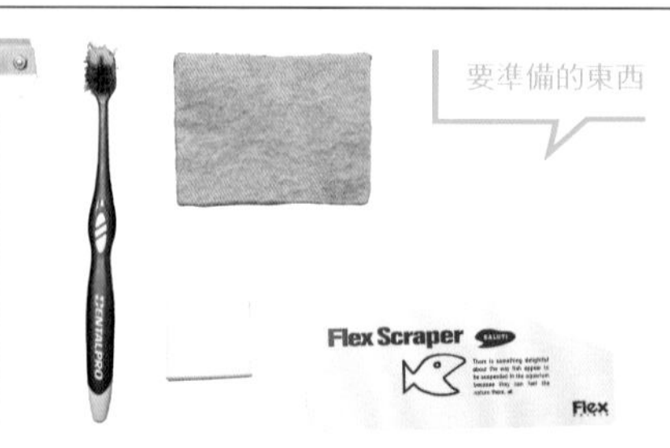

科技海綿與刮刀可以用來清理水族箱的玻璃面，而細小的設備用牙刷清理會比較方便。

1 先清洗設備

安裝在水族箱裡的過濾器及加溫棒等設備布滿了汙垢。

2 擦拭水管

苔蘚附生的水管看起來相當不美觀。這時候可以用科技海綿將苔蘚擦拭乾淨。

3 用魚缸清潔布擦拭

附著在設備上的汙垢用魚缸清潔布整個擦拭乾淨。

Point

清潔縫隙的工作 就交給生物吧

水族箱的玻璃面以及設備上的汙垢雖然可以慢慢清理乾淨，但有些縫隙不管怎麼清就是清不乾淨。在這種情況之下，會幫忙把苔蘚吃下肚的大和藻蝦（大和米蝦）及小精靈（耳斑鯰）等清潔魚就可以派上用場。

4 縫隙地方用牙刷清理

縫隙部分就用牙刷刷除乾淨。

5 水管內部也要刷乾淨

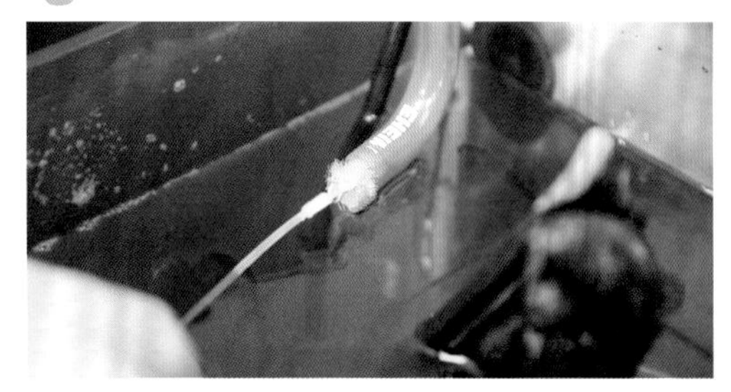

水管內的黏滑汙垢用專屬的刷具刷乾淨。

6 擦拭水族箱牆面

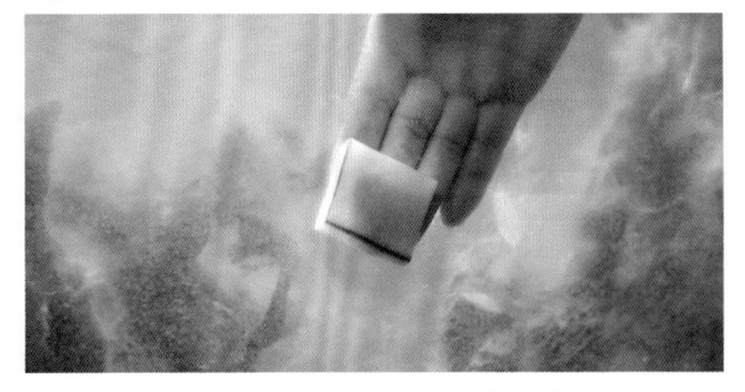

附著在水族箱牆面上的苔蘚用科技海綿擦乾淨。

7 不易清除的汙垢用刮刀清除

無法用科技海綿清除的汙垢可以用刮刀處理。

8 底砂附近也要清乾淨

水族箱牆面靠近底砂的地方也會囤積雜質，這個部分也要清乾淨。

Point

養成
定期清理的習慣

水族箱若是疏於清掃，放任不管，等到真正要清理時就會變成一項大工程。而且若是一口氣把水族箱清乾淨的話，內部環境的急劇變化恐怕會對生物造成不良影響。要是我們能夠一週打掃一次，也就是養成定期掃除的習慣，就可以讓水族箱內的環境保持清潔，也能減輕生物的負擔。

淨缸與換水

9 清掃完畢的樣子

附著在設備上的髒汙，以及攀附在水族箱牆面上的苔蘚清除完畢的樣子。

10 吸取髒水

清理完畢之後，接下來要吸取水族箱的髒水，以便進行換水。

11 髒水

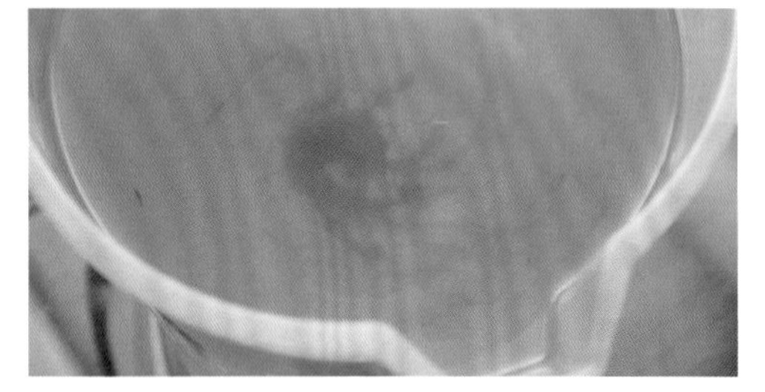

從水族箱裡吸出來的水，是已經將汙垢清除乾淨的髒水，水的顏色會變的非常綠。

12 水換一半就好

水族箱裡的水不需全換，只要換三分之一或一半就好，以免水質變化過大。

13 將水注入水族箱裡

乾淨的水藉由過濾器倒進水族箱中。

Point

乾淨的水也要調整水質進行對溫

在將乾淨的水倒進水族箱以進行換水之前，我們要先用除氯水質穩定劑來穩定水質，另外還要記得對溫。換水的時候基本上不需要一口氣全換，多次少量即可，這樣才能減少環境變化對生物所造成的壓力。

14 換水工作結束

換水工作結束之後，原本混濁不清的水變得相當清澈。

15 順便修剪水草

多餘的水草也趁這個時候修剪。

16 撈起乾枯的水草

枯萎的水草以及修剪的落葉用網子撈起。

17 切勿倒入水草液肥

水族箱保養過後，我們往往會忍不住想要加些水草液肥，但清缸的理由如果是因為苔蘚大量滋生的話，這樣的舉動反而會導致反效果。若要添加，最好等到水質穩定之後再進行。

Point

換水的時候趁機追肥

當我們在換水時，偶爾會不小心將水中原有的養分也一併丟棄。因此換好水之後最好順便追肥，以便補充養分。只是肥料若是施撒過多，就會增加苔蘚或藻類滋生的風險，因此這時候我們要挑選不易產生苔蘚的肥料。

「日本神畑Kamihata熱帶水草營養劑」能夠讓水草長的更健康，顏色更加翠綠。另外，由於其成分因為不含氮及磷，因此能夠降低藻類及苔蘚滋生的風險。

淨缸與換水

清掃過後恢復清澈水質的水族箱。不過這裡主要是為了告訴大家清理方法以及效果，所以才故意把水族箱弄髒。最理想的情況，就是在水族箱變成這種狀態之前，大家能夠定期淨缸及換水，好讓水族箱隨時保持一個乾淨的環境。

POINT 4

定期保養❸

水族箱的清道夫

利用清潔魚來減輕淨缸的負擔

水族箱保持清潔固然要靠清理，不過放養能積極清理水族環境的生物也不失為一個好方法。那些人稱清潔魚的生物會食用苔蘚及排泄物，在減少清缸次數上可說是幫了大忙。

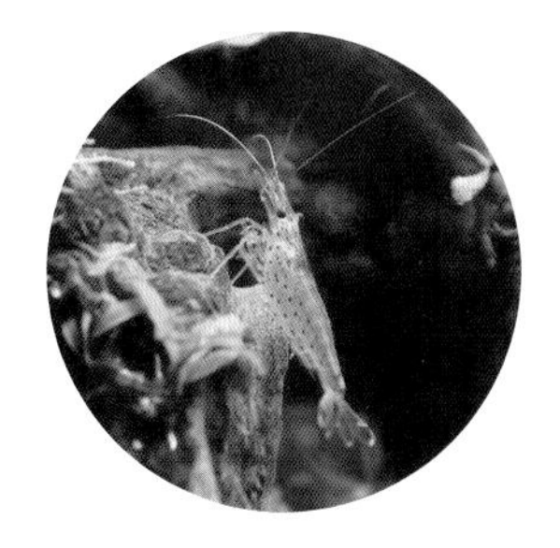

蝦類

蝦類經常食用苔蘚，是幫忙清苔的最佳生物。最具代表性的有大和藻蝦及黑殼蝦。

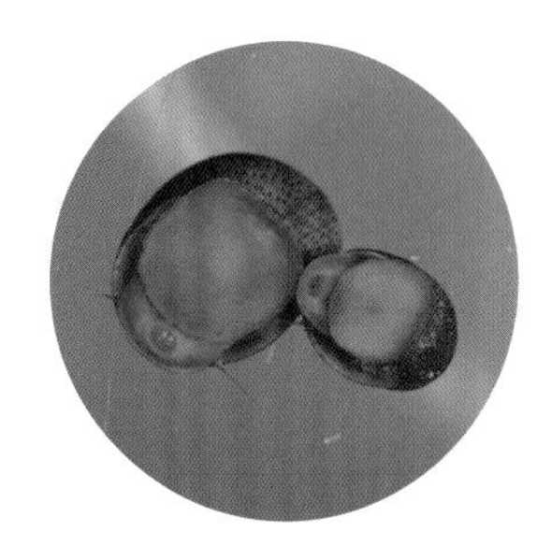

貝類

食用苔蘚的貝類會附著在水族箱的玻璃面或設備的表面上，是清苔的好幫手。

小精靈

會幫忙食用容易附著在水草葉面上的褐藻。是水草缸不可或缺的清潔魚。

黑線飛狐

和蝦類一樣會食用絲狀苔蘚。不過蝦類食用的是較硬的絲狀苔蘚，黑線飛狐則是食用較為柔嫩的苔蘚。

POINT 5

讓水族環境更加舒適
方便實用的工具

在照顧魚兒、水草以及清理水族箱時事半功倍的便利工具

水質管理是維持水族景觀的最大關鍵，因為水和生物一樣，天天都在變化。為了魚兒及水草的健康，大家一定要儘量讓水保持清澈。此時手邊若能準備一些方便實用的工具，每日的水質管理工作就會更輕鬆。

除氯劑

用來去除自來水中會危害魚兒及水草的氯，以及其他會讓水質混濁的物質。這類產品通常還含有維他命B。

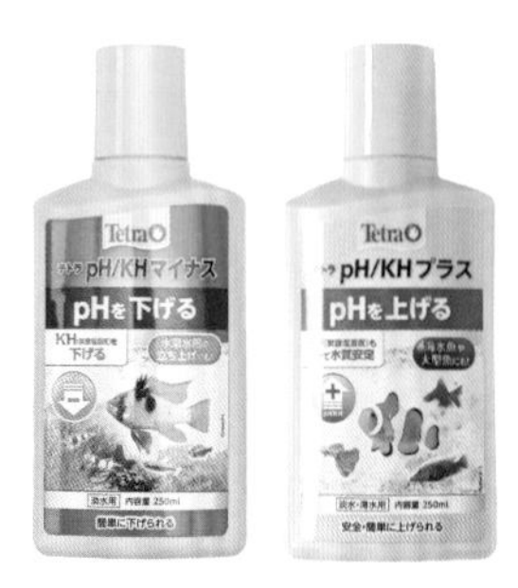

PH調整劑

可以讓人安心調整水質的產品。有調高pH值（鹼性）、調低pH值（酸性）以及維持中性水質這三種。

冷卻風扇

夏天在解決水溫上升問題時相當實用的冷卻風扇。不過使用時要留意的是，這種設備通常會運用汽化熱原理，因此要不斷補水。

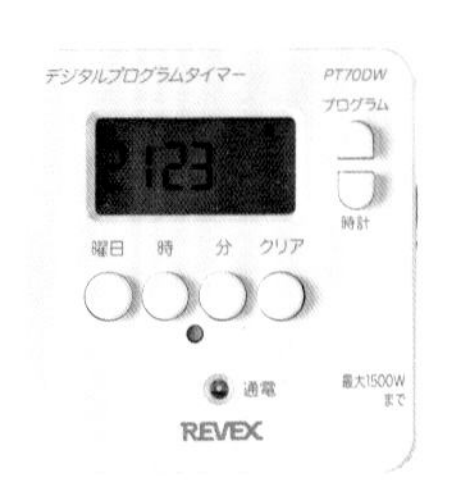

數位定時器

照明設備可以利用定時器自動控制開關。這種工具設定時能以分為單位，並有設定每天或者是每週固定某一天等14種模式。

檯燈

光源相當接近太陽光、專門用來培育植物的LED燈。可三階段調光，亦可調整光線方向。適合安裝在小型水族箱上。

自動餵食器

每天因為工作忙碌而無法定時餵食時，只要將自動餵食器安裝在水流處， 這樣就能讓飼料在水族箱裡均勻分散了。

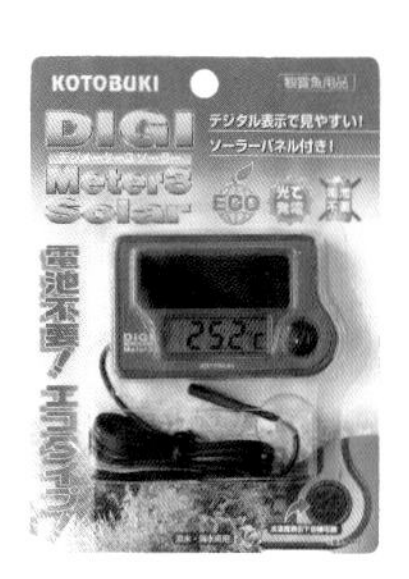

數位水溫計

生物對於水溫非常敏感。稍有變化，就會出現不適。因此我們要安裝一支水溫計，以便隨時管理水溫。

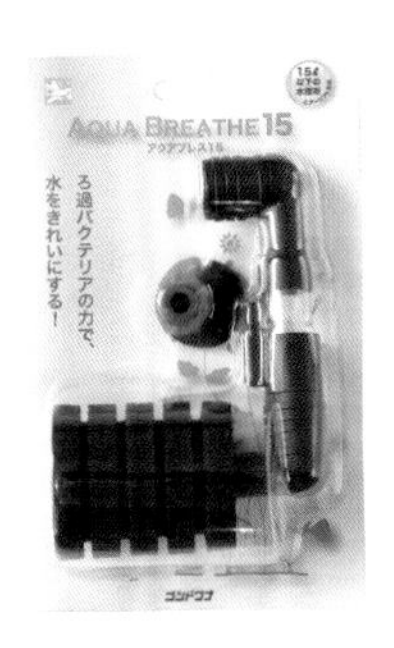

過濾海綿

安裝在空氣幫浦裡的配件。只要搭配打氣機使用，在海綿布內繁殖的硝化菌就會進行生物過濾。

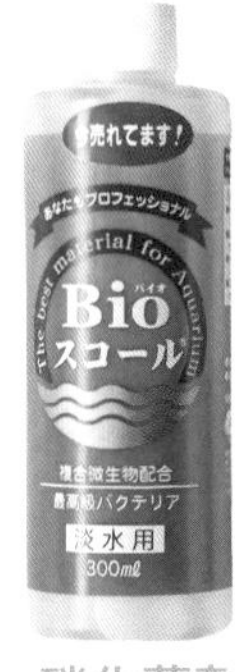

硝化菌劑

硝化菌劑可讓水族箱含有豐富益菌。開缸初期不僅可以穩定水質，還能稀釋游離氨的濃度。

洗砂器

即便水質清澈，砂粒照樣會因糞便及殘留的飼料而變髒。但是只要有了洗砂器，換水時就能輕鬆地順便處理麻煩的洗砂工作。

科技海綿

能將附著在水族箱內部的水垢，以及黏滑髒汙擦拭乾淨的配件科技海綿，是水族專用的清潔棉，使用起來更安心。

POINT 6

為水族新手解惑

關於水族的Q&A

Q 魚生病了怎麼辦？

A 關於熱帶魚常見的代表性疾病，有白點病、水黴病、鰭腐病等等，以及氣單胞菌（Aeromonads），不過這些水族疾病通常都可以透過藥物來改善。話雖如此，還是希望大家平常能夠妥善管理水質，以防範未然。

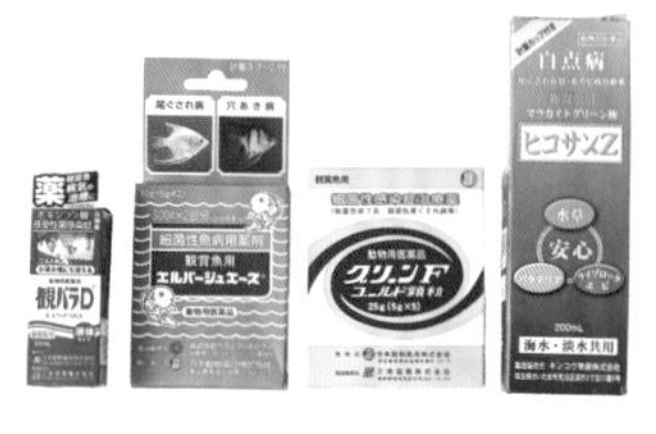

Q 水要多久換一次呢？

A 基本上水最好每週換一次，每次少量即可。換水時多少會對生物造成壓力，不過只要養成定期換水的習慣，生物就會慢慢適應，習以為常。

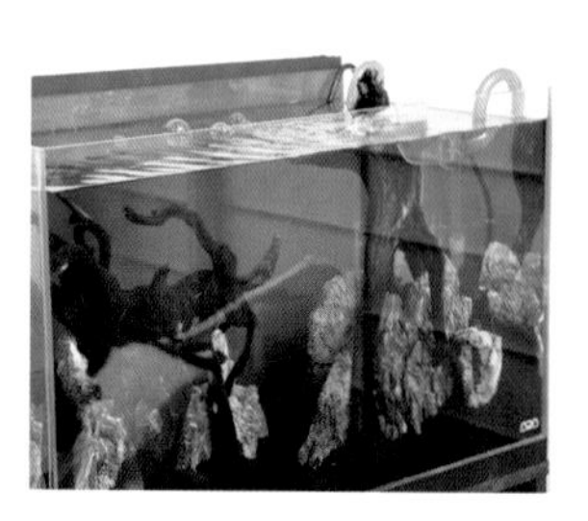

Q 水質的pH值一定要特別留意嗎？

A 水質的pH值是根據生物原本的棲息環境來決定最佳數值。因此我們要調查最適當的pH值，並且利用pH調整劑控制水質，好讓生物過得健健康康。

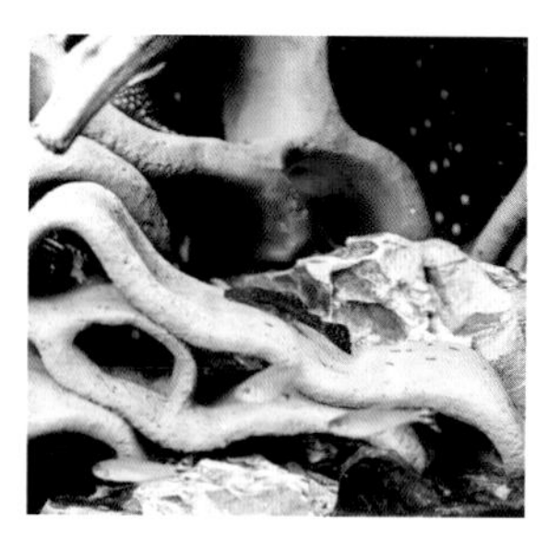

Q 一個月大概要花費多少來維持水族環境呢？

A 需要花費的項目有電費、水費及飼料費這三種。水族箱的尺寸不同，金額也會有所差異。但一般來講，60cm的水族箱，每個月的支出約一千日圓至三千日圓左右。以興趣來講，花費應該不高。

Q 要餵多少飼料比較好？

A 飼料以一天餵食兩次為標準，但是不可過量，以免水質惡化。另外，我們還可以趁餵食的時候順便確認生物的身體狀況，因此在投飼料時，記得要多加觀察。

Q 把CO2打進水裡，這樣魚不會缺氧嗎？

A 由於水草在進行光合作用時，會吸進二氧化碳並釋放氧氣，因此水裡的魚不會缺氧。不過水草晚上並不會進行光合作用，所以CO2瓶的電源建議關起來。

Q 底砂鋪的如果是砂粒，這樣也能栽植水草嗎？

A 基本上細石構成的砂粒並不含任何營養成分。但若栽植的水草不需要那麼多營養的話，那麼在把砂粒當作底砂鋪其實無礙。在這種情況之下，只要施予可融於水的肥料就行了。

Q 撿來的漂流木或石頭可以用來造景嗎？

A 在外面撿來的石頭或漂流木，若是放進水族箱裡的話，會非常容易導致水質惡化，故不建議使用。水族專賣店販賣的石頭或漂流木基本上都已考量到這一點，大可安心使用。

Q 外出旅行不在家的時候該怎麼辦？

A 只要生物夠健康，就算兩、三天沒有餵食也不會有什麼問題。相對地，出門之前飼料若是給太多，反而會讓水質惡化。另外，沒有餵食的這段期間，生物會減少活動力，因此照明設備也要關掉電源。

Q 魚的壽命有多長？

A 有的大型熱帶魚壽命會超過十年，不過小型的脂鯉科魚類卻頂多活三至五年。順帶一提，水草沒有所謂的壽命，只要環境沒問題，就能長久觀賞。

Q 什麼是開缸？

A 也就是用水草造好景之後，啟動過濾器的設備讓水循環，以穩定水質。此時硝化菌若是順利增加，讓水質更加清澈的話，在這種環境之下放養生物也不會有問題。

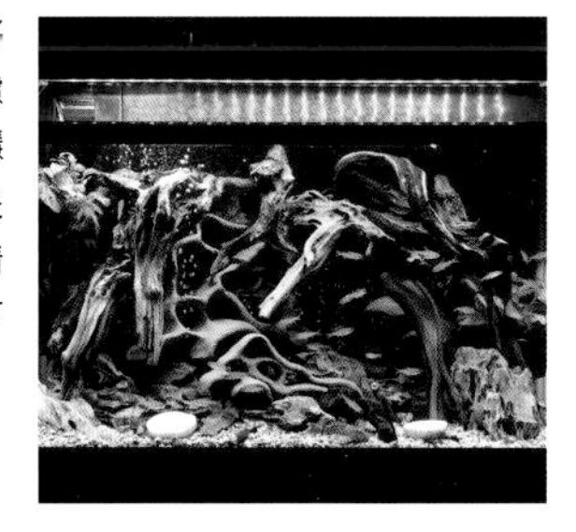

Q 一個水族箱大約可以飼養多少魚呢？

A 飼養數量的極限取決於水族箱的大小。原則上1L的容量可飼養一條小型魚。不過，水族箱越大，水質就越穩定，故可以多飼養一些生物。基本上來說，生物數量的增加方式要循序漸進。

合作商店與廠商簡介

Shop

熱帶魚水族店

Tropiland 小平店

（株式會社日本水族館）

大型熱帶魚及觀賞魚的進口批發直營店。從龍魚、琵琶魚、孔雀魚及燈魚等熱帶魚，到蝦類、金魚、 魚及河魚等觀賞魚選擇豐富，就連水草及水族箱等相關用品也是一應俱全。小平店在東京是規模最大的店面，賣場面積達950m²，水族箱的庫存更是多達500口。

Info

HP：http://www.tropiland.co.jp/kodaira.html
TEL：042-390-0708
所在地：東京都東村山市恩多町2-41-7
營業時間：13:00～20:30（平日）、11:00～19:00（六日及國定假日）
※週二公休，遇國定假日照常營業

熱帶魚及水草專賣店

AQUA FOREST 新宿店

以世界各地美麗的小型魚為主力商品，網羅多數狀態極佳的熱帶魚，例如：鼠魚、琵琶魚。水草方面，從野外採集物到日本國內外的水草農場養殖物都有，以日本最大的庫存量引以為傲。水族造景經驗豐富，還可向曾經獲得優勝及得獎的工作人員請教，甚至委託對方代為保養水草。

Info

HP：http://aquaforest.tokyo
TEL：03-5367-0765
所在地：東京都新宿区歌舞伎町1丁目新宿SUBNIADE 3丁目 AQUA FOREST
營業時間：10:30～21:00（全年無休）
※每年會配合新宿SUBNIADE安檢日公休數次

Maker

〔製造商〕

株式會社Everes（日本Everes）
▶https://www.everes.co.jp

株式會社Kyorin
▶https://www.kyorin-net.co.jp

株式會社PLECO CORPORATION
▶http://pleco.jp

神畑養魚株式會社
（德國Eheim伊罕在日代理商）
▶https://www.kamihata.co.jp

壽工藝株式會社
▶https://www.kotobuki-kogei.co.jp

GEX株式會社
▶https://www.gex-fp.co.jp

ZENSUI株式會社
▶https://www.zensui.co.jp

太平洋水泥株式會社
（Power House）
▶https://www.taiheiyo-cement.co.jp/service_product/powerhouse/

有限公司JUN
▶http://jun-co.com

〔批發商〕

株式會社KUROKO
▶http://www.kuroko-lovefish.co.jp

株式會社RIO
▶https://rio-fish.com

監修　千田義洋

在日本規模最大的熱帶魚、觀賞魚職業造景競賽中奪下十一次總冠軍，一舉登上殿堂的寶座。曾於日本電視節目《電視冠軍》（東京電視台）的「水中造景王選拔賽」中蟬聯兩次冠軍，在不計其數的造景競賽中取得優異的成績。曾參與電視節目演出、協助電影拍攝、接受水族雜誌的採訪等，是一位在各個領域都相當活躍的水草造景專家。

AQUA DESIGN
Milia Delectu

由千田義洋親自為個人住宅及公司行號提供水草缸造景、保養、水族箱清理、指導等與水族相關服務的公司。另外還協助舉辦水族活動、參加電視演出，以及為節目及電影提供水族佈景。業務範圍相當廣泛，不管是保養淡水魚、熱帶魚、金魚的水族箱，還是搬遷水族箱等，皆在其服務範圍內。
http://miliadelectu.com/

日文版STAFF

校正	青木あや
裝幀、設計	近藤みどり
DTP	大島歌織
攝影	小澤右(STANDARD. st)、 島根道昌
攝影協力	協和診療所
編輯	風間拓、堀井美智子

國家圖書館出版品預行編目（CIP）資料

中・小型水族箱造景趣：新手也能打造的療癒夢幻水世界／千田義洋監修；何姵儀譯. -- 初版. -- 臺北市：臺灣東販股份有限公司, 2021.12
144面；18.2×23.5公分
譯自：中・小型水槽で楽しむアクアリウム：初めてでも手軽にできる30cm45cm水槽からスタート!
ISBN 978-626-304-983-3（平裝）

1.養魚 2.水生植物 3.水景

438.667　　110018533

中・小型水族箱造景趣
新手也能打造的療癒夢幻水世界

2021年12月1日初版第一刷發行

監　　修	千田義洋
譯　　者	何姵儀
編　　輯	魏紫庭
特約設計	麥克斯
發 行 人	南部裕
發 行 所	台灣東販股份有限公司 ＜地址＞台北市南京東路4段130號2F-1 ＜電話＞(02)2577-8878 ＜傳真＞(02)2577-8896 ＜網址＞http://www.tohan.com.tw
法律顧問	蕭雄淋律師
總 經 銷	聯合發行股份有限公司 ＜電話＞(02)2917-8022